知味

味兼南北

朱振藩 著

生活·讀書·新知 三联书店 生活書店 出版有限公司

南市沽浊醪，浮蚁甘不坏。东门买彘骨，醯酱点橙薤。

蒸鸡最知名，美不数鱼蟹。轮囷犀浦芋，磊落新都菜。

欲赓《老饕赋》，畏破头陀戒。况予齿日疏，大脔敢屡嘬？

杜老死牛炙，千古惩祸败。闭门饵朝霞，无病亦无债。

——陆游《饭罢戏作》

目录

腹大能容

天下有同味

把箸怀珍馐

序一　“食”在有意思

刘奕成

秋来、向晚，凉意像岩缝中抽冒出来的新叶绿苗零零星星，还没能蔓延成海，但是清晰可辨。

可我还是一直在冒汗，为了将至的正式餐叙感到紧张。准备会晤一群官方代表。语言没有障碍，但是我对他们的文化不甚了解，要磋商的又是十分重要的事，平常口若悬河的我，居然紧张得不知如何是好。

于是我怀抱着忐忑的心，步入昆山巴城的这家餐厅。刚坐定，主人便随兴谈起阳澄湖大闸蟹的历史，我忍不住搭腔，一时指点江山，谈兴甚猛：从所在阳澄湖的大闸蟹的“闸”到底意为何指，到桌上的“禁脔”是什么部位的猪肉；从历代食家谈到当代饕客；从年糕、粽子，一路谈到时令各式月饼的历史及风味，不但感觉餐桌上所有膳点活蹦乱跳，连筵席四周的景物竟似配合话题般穿梭古今，魔幻写实物换星移。

最后步出餐厅时，才蓦然惊觉已是晚间10时许。主人拿出了自酿的黄酒以及一袋大闸蟹相赠，口上不住说："能说得出'闸'蟹也解作'炸（煠）'蟹的必是高手，这么多年我第一次棋逢敌手，真是酒逢知己千杯少。"这一晚，宾主尽欢，是我印象中最热情真挚的盛筵。

其实这真是个美丽的误会。出身于传统农家的我，向来粗茶淡饭，对于美食原本一窍不通，不过机缘凑巧，在旅次出发前，何其幸运地跟上了几回朱振藩老师的餐叙，经其循循"膳"诱，对于大江南北"食"的故事，俨然有了"略懂、略懂"的功力。那天晚上我不过把朱老师说过的话，原汁原味端上桌，就让全场惊艳，绝无冷场。

回想起那一段幸运的时光，我几乎每个月都与朱老师餐叙，且听得道道珍馐从朱老师口中娓娓道来，幻化成我们小辈的梦想。就这样一年下来，长了重量也长了知识，虽然离入室弟子差距尚远，但是已然发现"食"在有意思，也在跟着朱老师大啖小酌的岁月中逐渐累积"食"的知识。朱老师是一本活生生的"食"史，他对食物、食材乃至于饕客的了解，既广且深，可说目前海峡两岸，除他之外，不做第二人想，听他穿梭古今，信手拈来，无不跃然桌上，每每悠然神往。

我的工作常需要和客户天南地北地闲聊。以往我和欧美客户谈历史、谈运动或是世界经济；和台湾客户谈诗论艺，兼聊八卦。但是在朱老师的熏陶下，发现像是饮食这类近在眼前身边的东西，更具有吸引力，因其看似平凡，却能从中体现不平凡处，听了朱老师数席话之后，与朋友聊到“食”的主题，往往更加热络，欲罢不能。

但毕竟不可能每个人都像我这般幸运，能够亲炙謦欬，还好朱老师慷慨大方，把多年功力锤炼为文字，随后生晚辈含英咀华。这本书不似坊间一般谈“食”的书，颜色纷呈，琳琅满目，但想来也只有这般清透的文字，才能恰如清蒸，最终透出原味。如今读者何其有幸，在任何时候都可以展卷赏览。我翻动书页，油然忆起当年在朱老师身旁得其倾囊相授的日子，而这本书更是取其菁华，更是信手拈来，“食”在有意思！

序二　美食如美女

李台山

早在两千多年前，中国圣人孔老夫子就说过“食、色，性也”，清楚地点出饮食男女是人类生活与生存必须要面对的两件大事情。

长久以来，我们都以为吃饭、睡觉是最自然不过的事了；然而，“吃饭睡觉”说起来简单，真要仔细探讨，其实非常复杂。单就吃饭这个问题来说，食材要从哪里来、怎么煮、怎么吃，其问题之大，牵涉范围涵括天文地理、人文物产以及民族性格等诸多方面；不同的地理气候，生长出不同的物种产品，成为人们的食材，然而即使同种食材，也会因为不同的文化背景、习性偏好或宗教信仰等，呈现出多彩多样的风味风格。

人、事、时、地、物等种种变量交互影响之下，成就了各地的饮食面貌。这些菜系菜色虽然大异其趣，各领风骚，唯一相同的是，人类自有历史以来对食欲满足与美好口感口味的追求却是永远不变的。

古人以“秀色可餐”来形容极为漂亮动人的美女，实在非常贴切深入。试想一个人可以美到让你想把她当作美味佳肴吞下去，那是多么诱人的呀！同样地，一份色香味俱全的美食珍馐，上桌陈列在眼前时，你是否能以欣赏美女的眼光与思维来品味它呢？

体验“美味、口感”不应该只是把食物急急送进嘴里后，以囫囵吞枣的方式，一饮而尽地只为满足那丁点儿“抢到与占有”的感觉，若以这般态度处理美食，那就好比是以极度粗俗无礼的方式对待气质美女，完全暴露了自己的粗浅鲁莽、毫无格调可言，真的是贻笑大方了。那么，我们该如何来善待这些天下极品，并且在享受之余，提升自己的品位，在美食的诱导中成为谦谦君子？就让朱振藩老师来告诉你吧！

在过去十年中，朱老师已经写过二十几本有关饮食文化的书。他费尽心力调查考证这些“美女”的出身来处，上穷碧落下黄泉，把其身世交代得清清楚楚，脉络分明，让读者、饕客知其来之不易；身世明白了，续之以专业及富有经验的刀工、火候等手法细心料理烹调，这些天然的素材方能成为万人垂涎的绝佳珍奇美味；每一道珍馐如此历经艰难而成大器，从最初的在自然界经农渔猎耕收捕获，送入膳房后经大厨们深思熟虑、精心思考设计菜谱，然后下放锅中油里来火里去，最后才能在餐盘中绽放出人文的智慧芬芳，食客们岂能以狼吞虎咽之姿，暴殄天物之态，而尽失翩翩君子之风，又有损害福报之嫌？！

朱老师在书中细细道来，告诉你如何与“美人”长相左右，相看两不厌。

首先是以真诚心相待。每种食材，每道菜，不论甜、酸、苦、辣，必有其个性独立的特质、滋味，我们且让敏锐的舌尖去判断，并予尊重，犹如南国佳丽、北地胭脂，环肥燕瘦，各具姿色，各有粉丝。尝谓“众味难调”，口味因人而异，最怕先入为主，以偏概全，轻佻批评，大大破坏饮食的气氛，也可能因此失去再次享受美食的机会。

其次，要能深入其背景与历史渊源。朱老师以轻松流畅的笔调，又带着认真的口气，引领你进入美食天堂的后山，仿佛进入美女世界，登堂入室，一窥堂奥，教你观察、认识这些盘中妙品的“原味”精神；山飞、水游、陆走、洞居之奇禽走兽，珍草异木，他无不如数家珍，分门别类，引经据典，从宝岛台湾，到大江南北之人文物产、百年老店、各地特色餐厅，尽在笔下一一展现，描述极尽清楚分明。就以近年来台湾地区风行的“大闸蟹”为例，朱老师要为其正名，凭借的就是对蟹族“家世”

的了如指掌。他详细道出蟹名之由来，以及因出产水域不同而有湖蟹、河蟹、江蟹、溪蟹、沟蟹、海蟹之分，其中湖蟹为妙品。他又提醒你：江苏的湖蟹种类甚多，味佳者多在苏州一带，有太湖的“太湖蟹”、阳澄湖的“大闸蟹”、吴江汾湖的“紫须蟹”、昆山蔚洲的“蔚迟蟹”、常熟潭塘的“金爪蟹”如此云云，让平常当白猪黑猪都是猪、大鱼小鱼就是鱼的我吓一大跳！拜读朱老师作品后，我如获至宝，方见饮食之大观。

因此品赏美好的事物，必须以情感为底蕴，经由灵感缓缓触摸，才能细细诉说出那份优雅自在而有深度的觉知；面对佳肴，品一杯好酒，啜一口好茶，举杯一停间，刹那神魂已飘飘然，意境无限，何等美好！

我翻开本书首页后，禁不住想一口气读完它，被它诱到那美味意境的世界里。在这里你可以看到古圣先贤、美食鉴赏家举止有礼，吟诗作对，享受人间美味，其领域已不是单纯的“吃饭”，而是透过食物思索真味，体察人生，回归自然。在本书中，你可以找到一种充满人情风味、文采兼具的美好饮食文化。或许，本书还会帮你觉悟何者才是属于自己的生活模式，应该如何“膳待”自己，同时它也让你感谢大自然的恩赐，让每一道菜、每一口饭都吃得津津有味，乐趣无穷。

自序　辨味乃饮食之本

人生在世上，对饮食态度，着眼点不同。有的人寻求“美”味，努力追星（如米其林）；有的人难辨五味，只图一饱；有的人精究滋味，坚持到底；还有的人得食趣，品味外之味。总之，欲尝好味道，须有基本功。有人好命，天生丽质，乃与生俱来；有人平凡，勉力探索，却成就一般。当然啦，先有良好遗传基因，再有后天养成环境，自然事半功倍，进入高人之列。

基本上，敏锐的舌头，乃辨味之本。它是个“味”器官，由筋纤维组成，表面有一层黏膜，充满着神经血管，并与脑神经相通。而舌头上凸起的粟状物，古称“粟粒”，生理上的名词叫舌乳头，它由小孔洞细胞丛所组成，可分为三种。其一名丝状乳头，在舌旁及舌面，呈丝状凸起；其二称蕈状乳头，散布在前者的中间，舌尖部分最多；其三叫轮廓乳头，在舌根附近，排成人字形，其分布的范围，较前两者为大。

以上这些舌乳头，其内部都藏着味神经、动舌神经和舌咽神经，分司辨味、运动舌体与唾液分泌。假使每一味神经皆健全，那么这些舌乳头便会蓬勃凸出，一如“粟粒”之状。当然啦，当一个人身心愉快，莫不食味津津，胃口出奇地好；反之，一遇精神困倦、情绪恶劣之时，自然会食而不知其味。可见辨味能力的强弱，除天赋外，必和心情有关。

又，人类在饮食和说话时，唾液的供应和舌头的灵动，均极重要。故动舌神经和舌咽神经皆健全时，绝对会反映出食欲振奋，神志清明，发声秀润，有吸引力，同时言语畅通而有序。说句老实话，这全是促进事业蒸蒸日上的主要因素。因此，金朝人张行简在其相学巨著《人伦大统赋》中，便称“粟粒”勃发，必为荣迁之征。职是之故，可以断定每个人在品尝时，其当下味觉的良窳，不但包括前述的天赋、心情，还取决于本身体质的强弱以及运势的好坏。

不过，香港美食名家江献珠另有别解，指出她的祖父（即广州显赫的饮食大家江孔殷，人称江太史，与谭延闿、谭瑑青、黄敬临合称为民国四大食家）无意中为她制造了一个美食环境，故比起一般孩童，更广泛接触美食，是以很早便能知味识味，遂在饮食研究品鉴方面得心应手。

她接着解释说:“味蕾的功能及形状，每因分布在舌头的位置不同而有别，各司其职，分主咸、甜、酸、苦四种不同的味觉。”而这约九千个味蕾，主要分布于舌头，但嘴唇、舌底、上颚及两颊内部的口腔，也有些许分布。有趣的是，胎儿及幼童的味蕾，竟比成年人还多，而且舌底及两颊内部的味蕾，早年特别发达，但会随着年纪而改变。所以，人到四十五岁之后，味蕾的新陈代谢趋缓，将不若年少之时敏锐。也因这层关系，美国有些心理学家，便建议为人父母者，要及早锻炼孩子的味觉，鼓励尝新逐异，长大才不偏食。

最后她的结论为:“接纳不同口味的能力，并非遗传，尽管生于饮食世家，不见得你的身体内便会充满美食细胞。面对美食的鉴赏，全视乎一个人后天所受的熏陶，尤其在童年时，父母所安排的饮食模式，或多或少决定其人日后的口味。”

其实，江女士的环境观，只能算是一个方面。毕竟，食物的甜、咸、苦、辣、酸这五味，可称之为原味，一般人要分辨其重淡多寡，实非难事。但要达到较高层次的辨味水平，成为古人所谓的“知味者”，就不容易。因而《中庸》上说的“人莫不饮食也，鲜能知味也”，即为此意。讲得白一点，人人都需要饮食，天天离开它不得，但要达“知味”境界，还得靠先天与后天的努力，始克奏功。

在中国的古籍中，不乏一些辨味高手的记载，像春秋时的易牙，为四大厨神之一，他不只精于烹调，而且长于辨味。有人将齐国境内的淄水与渑水这两条河的水让他品尝，一试即知其味，而且屡试不爽。还有些厉害的，居然能分辨烧菜所用的柴火是新是旧，甚至所用的盐是生是熟，都能甄别无误，真有两把刷子。其中，最高明的老兄，我认为是苻朗。他是东晋时人，有“千里驹”之称。有人请吃烧鹅，他在品尝之后，居然点出盘中之鹅，哪个部位长的是黑毛，或者是白毛。主人难以置信，更想识其能耐，再宰只杂色鹅，并在毛色异同处做了记号。苻朗吃罢此鹅，逐一判断出不同毛色，竟“无毫厘之差”。这是正史记载，听来像是神话，简直不可思议。

在此得讲句老实话，即使出身美食世家，在品尝时精神饱满，加上春风得意，如果没有长久的经验累积和过口时的用心体会，想要臻此境界，应比登天还难。

具备辨味能力，再有饮食素养，知其源流演变，能够吐故纳新，自能卓然成家。但盼这本食书，可以抛砖引玉，诸君于熟读后，由此举一反三，非但能成其大，而且可就其深，并于饮食之道，将另辟蹊径，或承先启后，或自在悠游，或乐在其中，或玩味不尽，或……这不是小确幸，而是朵颐丰厚，不光是物质的，还包括精神的。是为序。

食指大动

黑毛白毛皆味美

邓小平有句名言:“不管黑猫白猫，捉到老鼠就是好猫。”这句话很实际，因而传诸久远，举世皆知。每届隆冬，我则有感而发，“不管是黑毛、白毛，凡鲜美可口的，就是好鱼”。常驱车东北角，来趟美食之旅。

所谓黑毛、白毛,亦有人称黑蒙、白蒙,它们都是鮀科鱼类。前者属瓜仔鱲;后者名南方鮀鱼，或兰勃鮀鱼。台湾岛四周皆有分布，主要生长在浅礁岩滩附近，东北角海岸尤多，以海藻或浮游生物为主食。不过，不论是黑毛还是白毛，全在夏季大量摄食，肉质略带臭味，令人食之不悦。一旦转入冬季，改吃附于礁层的藻类，不仅肉质肥嫩，而且臭味消逝，变得格外美味。只是捕捉不易，鱼市所见者，多半为钓客钓获，其次则用定置网或近海底刺网捕捉。然而有趣的是，黑毛生性机警，白毛拉力甚强，都是喜欢矶钓的钓友们公认的极具挑战性的鱼种。东北季风一起，黑毛、白毛马上变成宠儿。即使寒流来袭，钓友们照样瑟缩着垂钓。

黑毛在台湾的料理方式，以清蒸最常见，也最能表现其美味。此外，盐烤或煮汤亦佳，鲜甜适口，鱼香满嘴。白毛因嗜食脚白菜，加上泳技超群，每在礁间及浪湍间，穿梭来去自如，其肉质甚结实，煮姜丝汤尤佳。但黑毛现已有养殖货，味道亦挺不错，惜乎少了野劲，口感不够弹韧，毕竟有所不足。是以矶钓的现流鱼极为抢手，能够品尝其味，只能说是福气啦！

我曾在日本的爱媛县品尝过黑、白毛料理。地点位于海岸边，是间典型旅店，店家处理的方式很简单，皆为一鱼两吃。所同者为生鱼片，黑毛的部分，蘸着酱油、芥末吃，野味浓郁，食之鲜香，搭配盐烤之鱼，滋味向上提升，喝上几口清酒，飘飘然有仙气；白毛的则蘸萝卜泥、酱油细品，鱼肉紧实，嚼罢回甘，啜吸煮味噌之鱼汤，沉浸其中厚味，但觉通体舒泰。一次吃四尾鱼，果然是个豪举，允为平生快事之一。

有次初秋时分，我来到东北角，望见现钓的黑毛，不禁勾惹馋涎，急向店家索尝。店家表示鱼带异味，不宜清蒸、煮汤，或许可下重手，才能吃得尽兴。他遂好整以暇，倒入大量米酒、味醂（来自日本的一种类似米酒的调味料），加些葱、姜、陈皮，慢慢将鱼煎透，味道也还可以，算是另个味儿。说句老实话，在过年前后，我造访东北角，必食黑、白毛。照我的习性，必各食一尾。选一斤左右者，黑毛一定清蒸，白毛煮姜丝汤，在细品慢啜中，领略不同滋味，一次而能尝个够，“饱得自家君莫管”。

炸小黄鱼酥而松

妈妈烧的大蒜红烧黄鱼，是道我百吃不厌的美味，不但腴美味鲜，而且入味香逸，好到出人意表。幸好每次她老人家都会烧两条斤把重的，双双并排白瓷盘中，间杂青葱白蒜，光是观其状、闻其香，就足以让我猛流口水啦！吃起来更是奋不顾身，拣夹点掇，务必扫光。最后以残汁浇饭，更是胃口大开，可以连尽数碗。有时食福不济，未能及时享受，这时妈妈会放入冰箱冷藏，待我回来后，再下碗面吃，仍是一等一，吃到啧啧有声。由于妈妈烧得实在太好，若外面一些江浙馆子烧的，能得其仿佛，就难能可贵了。或许因此我才经常废箸而叹吧！这十几年来，我甚少在外头吃红烧黄鱼，但逢家中祭祖，常有此味可食，即使鱼质已逊（全为养殖的），滋味不如以往，我依旧欢喜自在，手舞足蹈，不能自已。

大黄鱼，属硬骨鱼纲鲈形目鲈亚目石首鱼科黄鱼属。别名甚多，有鳈、黄花鱼、石头鱼、石首鱼、黄瓜、黄花、大鲜、黄瓜鱼等，为暖水性结群洄游鱼类，主要分布于我国黄海南部及东海、南海。另有一亚种小黄鱼，又有小鲜、花鱼、古鱼、大眼、小黄瓜、小黄花等叫法，乃温水性结群洄游鱼类，我国东海南部、黄海、渤海均有分布。一般而言，小黄鱼长仅十一至十三厘米，大黄鱼则可长至五十厘米以上，重量亦很可观，可大到四公斤左右。

海产鱼类中，当以黄鱼肉最松最嫩最细，是上等海味佳品。以之入馔，通常不需开膛破肚，只消以双筷自口插入腹中，绞出鳃及全部内脏，刮鳞洗净，即可烹调。为使其呈蒜瓣状的清香细肉，能物尽其用，便整条烹调。在手法上，有清蒸、清炖、干煎、油炸、红烧、红焖、汆汤、烟熏等方式。另，除采用突出本味（指鲜）的咸鲜口味外，尚可用葱油、五香、酱汁、红油、酸甜（包括“松鼠”）、酸辣、椒麻、甜香等多种味型烹制，众美骈臻，诱人馋涎。

《清稗类钞》内记载着清代北京人士吃黄鱼的逸闻，很有意思。文云:“黄花鱼,一名黄鱼,每岁三月初,自天津运至京师,崇文门税局必先进御,然后市中始得售卖,都人呼为黄花鱼（据唐鲁孙回忆，当年盐业经理岳乾斋最爱吃黄鱼，人称他为“黄鱼大王”，曾言：“黄鱼到了菊花开时，鱼汛最盛，也特别肥美，鱼黄如菊，所以北方人叫它黄花鱼。”）……当芦汉铁路未通时，至速须翌日可达，酒楼得之，居为奇货……食而甘之……诩于人而赞之曰佳，谓今日吃黄花鱼也。”

唐鲁孙又说：“北方的黄花鱼最大的也长不盈尺，像金门、马祖两尺多长的大黄花鱼是极为少见的。中号黄花鱼大约一斤三四条，一买须是十斤八斤，买回家收拾干净，下锅红烧，虽然放酱油，口味可不能太重，因为这种鱼，要不就饼、面、米饭白嘴吃，爱吃鱼的人，一条跟着一条，吃个五六条并不算稀奇。”此言甚是，但目前野生黄花鱼少得可怜，几乎全是养殖货色，入口但觉腴嫩，肚腹尤其如此，因而少了野劲，红烧吃来，挺不对味。

台北“荣荣园餐厅”的酥炸黄鱼，选的就是一斤三四条那种，经油一炸，外脆内嫩，除了头上的那块晶莹白石外，整条皆可入口，吃得干干净净。其滋味之不凡，岂是他鱼及别家所炸的能望其项背？也不是俺夸张，只要看十年前，俺那小娃的吃相及食罢孑然无一物的盘子，就知其味之美了。当然啦，若非尚有其他佳肴，我早就一条接一条，非吃他个七八条，直至大呼过瘾方休。

清炒虾仁嫩腴鲜

陆文夫善写苏州美食，其中篇小说《美食家》尤脍炙人口。里面写道：“盖钵揭开以后，使人十分惊奇，竟然是十只通红的番茄装在雪白的瓷盘里。……按照苏州菜的程式，开头应该是热炒。什么炒鸡丁、炒鱼片、炒虾仁等等的，从来没见过用西红柿开头！”接着书中的主人公朱自冶先生“把一只只的西红柿分进各人的碟子里，然后像变戏法似的叫一声‘开！’，立即揭去西红柿的上盖：清炒虾仁都装在番茄里！”，于是朱自冶开始介绍：“一般的炒虾仁大家常吃，没啥稀奇。几十年来，这炒虾仁除掉在选料与火候上下功夫以外，就再也没有其他的发展。近年来也有用番茄酱炒虾仁的，但那味道太浓，有西菜味。如今把虾仁装在番茄里面，不仅是好看，请大家自品。注意，番茄是只碗，不要连碗都吃下去。”座中客高经理“经朱自冶这么一说，倒是觉得这虾仁有点特别，于鲜美之中略带番茄的清香和酸味”。这段话确实精彩，拈出了菜肴变化的旨趣所在。

论虾子的食味，我最爱食“酒炝活虾”。河虾醉了之后，有的昏昏沉沉，有的屈伸其体，有的欢蹦乱跳。欲吃之时，微启碗沿，以手取之，在旁边的小碗酱油、麻油、醋里略蘸，往嘴里一送，先咬去其头，再剥壳食肉；如虾儿太小，则径送入口，以上下牙齿一咬，像嗑瓜子般，吸吮而食之。其味之鲜美，堪称河虾或沙虾之最，我一人即能食其半碗，若非尚有别的菜肴，独享一碗亦不嫌多。

如嫌剥虾壳麻烦，最宜享用炒虾仁。散文大家梁实秋认为“做得最好的是福建馆子”，他并举例说明：“记得北平西长安街的‘忠信堂’是北平唯一的有规模的闽菜馆，做出来的清炒虾仁，不加任何配料，满满一盘虾仁，鲜明透亮，而且软中带脆。”末了，更说莫看只是“这一炒一烩”，它“全是靠使油及火候，灶上的手艺一点也含糊不得”。讲得活龙活现，但有讨论空间，因为专就炒虾仁而论，福建馆子未必较江苏和上海馆子擅长。

炒虾仁的配料，江浙人的名堂最多，有荤有素，像豆苗、蚕豆仁、豌豆仁、龙井茶、碧螺春茶、蟹粉、鳝片、腰花等皆是。另还有双色（即西红柿酱炒与清炒共一盘，泾渭分明）及清炒者。苏州的炒虾仁尤妙，必用太湖的白虾。此虾在《太湖备考》

上有记载，云:“太湖白虾甲天下，熟时色仍洁白。大抵江湖出者大而白，溪河出者小而青。”据逯耀东教授的说法，此白虾“又名秀丽长臂虾，体色透明，略见斑纹，两眼突出，剥出虾仁清炒起来，个个似拇指大的羊脂白玉球，真是天下美味”。他前后两次赴苏州，吃了不下二十次清炒虾仁，结果“以石家饭店那碟最佳”，原因是“地近太湖，用料新鲜”，有以致之。

每届秋日，我常在台湾永和“冯记上海小馆”尝其体硕、壳薄、肉鲜美的蟹粉炒虾仁。炒毕，只只蜷曲成环，晶莹剔透，与雪白蟹粉相间，犹如“大珠小珠落玉盘”，分外好看;吃在嘴里，鲜腴爽嫩，尤其可口。不禁连连喝彩，赞叹不止。

诸君或许无此口福尝到这一美味。其实，店家用剑虾（又名滑皮虾。在我国，多产自舟山近海）虾仁直接炒或与豆苗、蚕豆等同炒，都是美味。尤其是清炒虾仁，其色颇为清润，虾仁白红相间，入口嫩中带弹、糯中显松，以切片的红番茄围边，既中吃又好看，是我吃过的剑虾仁炒制中的上品。如未事先吩咐，其清炒之虾仁，必为芦（白）虾（海虾，多产自非洲东岸至日本、澳洲海域）虾仁，体硕而脆，弹牙有劲儿，另个味儿。可惜芦虾仁剑拔弩张，不够婉转含蓄，即使嚼得痛快，毕竟少了松嫩，还是落入下乘。

马头鱼异军突起

早年在台湾的江浙菜馆中，红烧黄鱼及红烧黄鱼豆腐，一向是人们爱吃的美味，不但是家常菜中的常客，同时也是饭馆里的热门菜。然而，当下的养殖黄鱼不中吃，“瘦身”的野生黄鱼够斤两者，亦不多见。于是乎店家为了保留此菜或另出奇招，无不寻求其他鱼种替代。其中，备受各方青睐的，乃肉质同样细嫩滑腴的马头鱼（一名屈头鱼或方头鱼）。乍听之下，马头鱼似乎有点像配角。其实不然，好的马头鱼价格亦不菲，当它和豆腐红烧后，味道直追野生黄鱼，并远胜养殖黄鱼哩！

国人虽不太重视马头鱼，但它在日本可是高级鱼，号称“甘鲷”。依其颜色，一般分成白马头鱼、红马头鱼和黄马头鱼这三类，其脂肪含量亦因白、红、黄而递减。更因白马头鱼的肉质特别细腴甘美，故可做生鱼片吃，加上不论清蒸（将鱼包在樱叶中蒸）、煮汤或盐烤，皆味道清逸，故德川家康深爱此鱼，并将之命名为“兴津鲷”。

而今日本骏河湾一带，仍流传着以马头鱼当作订婚信物的习俗。一次必须准备两尾，腹部相连，象征着繁荣友好。而渔民之所以会看重此鱼，据说与以下的叙述有关——“当闪耀着银色光芒的马头鱼，自钓绳的那端慢慢浮现海面，晶亮的鱼头头形看来就仿佛是富士山一般，抓到它的那一刻，更像是满握了金黄的夕阳一样，怎么看都高贵极了。”

如就其分布的海域而言，甘鲷虽从本州岛以南直到中国南海一带皆有，但红马头鱼主要分布于濑户内海，白马头鱼分布于黄海，黄马头鱼产量最少，多分布于相模湾和鹿儿岛的海湾内。另，红马头鱼在日本夏季的主产地为三陆，冬季则以新潟县的捕获最多。由于日本的需求量极大，自用远不敷所需，故常从中国及韩国进口。

中国台湾地区和日本一样，产量以红马头鱼为大宗，主要分布于基隆、淡水、新竹、高雄和东港等地沿海。一般人家的吃法，不外是干煎、红烧、清蒸或煮汤。有些馆子会用烟熏或麒麟法（即鱼身之肉起片，与花菇、火腿等卷球，以全鱼方式清蒸，别有滋味）的方式为之，较令人耳目一新。

日本人吃红马头鱼的方法也不少，除常见的味噌汤、煮白汤、清蒸及盐烤外，最受好评的为酱烤。其考究的做法，乃将鱼身先行切片，浸泡在以酱油、酒、味醂等拌匀的调味酱中，放上一晚，待肉身略紧缩再烤，风味弥佳。酒本身能辟鱼腥，且可让鱼紧身，提高弹爽口感。所以，人们在清蒸之时，多会酌量加酒，借以提升滋味。

我曾在一日本料理店吃过爽韧适口的马头鱼干，也吃过抹盐略烤再蒸的马头鱼之鱼头，皆有别趣，颇感新鲜。

永和的“三分俗气”，原就擅长烧制干煎马头鱼，即使重逾两斤，亦能色呈金黄，而且外酥里嫩，功力非同小可。近则再用斤把重的红马头鱼红烧。烧毕，豆腐垫砂锅底，其上盛鱼，撒青蒜段及少许胡椒粉提鲜。鱼肉及豆腐皆入味而细嫩，但质感不同，一次试两味，滋味挺不错，大有可观处，可点来一尝。我个人两者都爱，常视状况点来品尝。如果是佐白饭，必然搭配红烧马头鱼豆腐，酱汁浓而饭香，别有一番滋味。假如品尝店家味道绝佳的菜饭，则以干煎者为上选，其味错落有致，而且相得益彰，一旦融入其中，余韵悠长不绝。

“虾子大乌参”美极

明代姚可成的《食物本草》记载着:“海参,生东南海中,……表里俱洁,味极鲜美,功擅补益,肴品中之最珍贵者也。”他老兄所谓的“味极鲜美”,实在莫名其妙,让人很难参透。还是一代美食宗师袁枚说得好:“海参无味之物,沙多气腥,最难讨好,然天性浓重,断不可以清汤煨也。”说明其赋味的必要性,并叙述了赋味之法。另,《食宪鸿秘》一书亦介绍海参可用糟及酱这两种吃法,值得取法。散文大家梁实秋爱吃淮扬馆子烧的“红烧大乌”,曾说:“北平西长安街一连有十几家大大小小的淮扬馆子,取名都叫什么什么‘春’。我记不得是哪一家春了,所做红烧大乌特别好。每一样菜都用大小不同的瓷盖碗。这样既可保温又显得美观。红烧大乌上桌,茶房揭开碗盖,赫然两条大乌并排横卧,把盖碗挤得满满的。”果然在色相上已高人一等,而其食法则是“不能用筷子，要使羹匙，像吃八宝饭似的，一匙匙地挑取”。

奇的是“碗里没有配料，顶多有三五条冬笋。但是汁浆很浓，里面还羼有虾子”。至于“这道菜的妙处，不在味道，而是在对我们触觉的满足”。因为“我们品尝美味，有时兼顾到触觉。红烧大乌吃在嘴里，有滑软细腻的感觉，不是一味的烂，而是烂中保有一点酥脆的味道”。尤令他老人家遗憾的是，自从他“离开北平之后，还没尝过标准的海参”。

我怀疑梁老所说的“红烧大乌”实际上是上海的名菜“虾子大乌参”，毕竟，它们两者的相似之点，又何其多也。

虾子大乌参的烹制过程，十分繁复，时间亦长。所选用的大乌参，乃顶级的乌乳参、梅花参，涨发之后，可长尺余，通常一大盘一只，有时则用两只，架势十足，惹人垂涎。

“冯记上海小馆”的冯兆霖老板擅制虾子大乌参，我吃过数十次，至今仍觉其味甚美，已超过本尊“德兴馆”。他所选的海参，不是乌乳参、梅花参、光参（港人称猪婆参），而是近于辽参的日本大刺参，个头虽大小不一，却较寻常的来得壮硕。但见成品乌光油亮，肉质软糯酥烂，滋味香鲜浓厚，夹起仍在抖动，入口腴滑立化，确为顶级妙馔。食罢每每让人拍案叫绝。唯台湾近因海味干货奇缺，这款绝佳风味，已无法与先前等量齐观，只是放眼全台，仍是无与伦比。

“溪洲楼”品台湾鲷

记得三十余年前，当时正在金门服兵役的我，曾有一回和同袍大谈食经，双方聊得起劲儿，各夸美味食物。扯到沙西米时，他老兄竟然对吴郭鱼的生鱼片情有独钟，不但连称好吃，而且比手画脚，声称滋味之美，简直无以上之。我听了很纳闷，无法感同身受。毕竟，这个鱼真平常，一年四季常食，很难联想它的“珍味”，是以心中一直不解。直到吃到桃园大溪“溪洲楼餐厅”的吴郭鱼后，我才对此鱼彻底改观，原来，它竟可以这么味美，让人一想到就猛流口水。

吴郭鱼，顾名思义，是一个姓吴及一个姓郭的仁兄，由南洋引进台湾的。起初个儿极小，但妙在生长期短，很快就可食用。其时正值 20 世纪四五十年代，台湾民生困苦。于是它很快地充斥市面，供人食用，此对当时人们在蛋白质的补充上，具有不可磨灭之功，理应记上一笔。

吴郭鱼，又名南洋鲫仔、乌鲫仔、南洋鲋及福寿鱼，在台湾水产专家一系列的技术改进（包括杂交福寿鱼之推广、单性养殖法的普遍实施、红色尼罗鱼企业化的量产以及人工配合饲料的开发使用等）下，吴郭鱼因而脱胎换骨，竟跃居台湾养殖鱼的首位，其经济价值亦随之而大获提升。现已自成品牌，特称为“台湾鲷”。

早年台湾养殖吴郭鱼的地区，虽遍布全省各地，但以嘉南平原居多，光是在台南，即达六千公顷以上。其养殖的方式，有粗放式、半集约式及集约式三种。粗放式的养殖业者几乎是用猪、鸭的排泄物喂食，现场臭气冲天，闻了就倒胃口。集约式的养殖，因纯用人工饲料，故产期缩短，产量激增，现为养殖之大宗。半集约式的养殖，除人工饲料外，另投放米糠、豆饼、豆粕、麦皮及麦片等辅助性饲料。三者的共同点则是会带土腥味，只是多少不同，如果饲养得法，置于净水吞吐，则能尽去土腥味。

而今上市的吴郭鱼，体形以二尾一斤的最常见，其次才是一尾一斤。外销的主要市场集中于中东、韩国等地。而供应日本的上货，乃去内脏、鳃、皮的速冻生鱼片，号称“潮鲷”，颜色白中映红，肉质爽中带软，口感相当好，即使冒充真鲷（即嘉腊鱼），很多人亦会上当，足见其绝非凡品。

早在20世纪末，居然因缘际会，我在“溪洲楼餐厅”尝到其用自家养殖的吴郭鱼所制成的生鱼片，色泽明丽光鲜，肉质脆爽且嫩，滴上柠檬汁后，尤其清爽可口。其旁则置洋葱丝及红萝卜丝，感觉花团锦簇，口味更加丰富。经一再咀嚼回味后，我终于体会到那位同袍何以如此推崇吴郭鱼生鱼片，许为他平生所尝的第一美味。

“溪洲楼餐厅”位于石门水库之溪洲大桥附近，景致清幽，厅内轩敞。其后则为养鱼池，底部砌上水泥，并汲引自水库之清流，先天条件已高人一等。而在饲养方面，亦不同于流俗，采取二段式为之，即先在大池内喂豆饼，喂至其大小适中时，再捞进厨房内之小池中，仅饲白米饭。约喂养一周后，鱼身渐转淡，由黑而青白，色相挺奇特，很难想象它就是吴郭鱼。

而在烹调上，除前述的生鱼片外，尚有清蒸、酥炸、炖补及烧烤等多种。清蒸颇似香港手法，以豆豉、姜丝提鲜，再淋浇葱油，其腴滑而略带咬劲儿的口感，比起台湾东北部三貂角现钓的黑毛来，绝不逊色。

烤的亦很出色，其法亦多样，各具风味。其中，以盐裹盖全身烤者尤棒，唯其太费工，已不轻易做。此外，切片再炸的，火候甚为精准，松透酥香带嫩，蘸以酱汁而食，吃罢余味不尽。

虱目鱼食巧够味

来自台南学甲的虱目鱼，在大陆市场曾经喧腾一时，无奈好尚不同，加上烹调有别，于是乏人问津，终被打入冷宫，尽失原有光环。不过，橘逾淮为枳，其独有滋味，仍风靡台湾南部，遂有“不食虱目鱼，枉作台南行”之谚。

而在诸多的虱目鱼料理中，煮粥最为常见，早餐尤其如此。如想吃稀罕的，其黝黑之肠脏，当为不二选择。且道其中之原委，供诸君谈助之用。如能亲临其境，体会另类滋味，亦为一大乐事。

在此先谈谈在府城挺受欢迎的虱目鱼粥吧！

当下的虱目鱼粥，若论其招牌老、风味佳，应以出自广安宫的“阿憨咸粥”为最，吸引不少食客，只为一探其味。

现在台南市区专卖虱目鱼料理的店家，除“阿憨咸粥”外，以“阿堂咸粥”最负盛名。该店位于圆环，地理位置绝佳，鱼粥亦甚拿手，兼卖各种料理，可以多重选择，是以人声鼎沸，往往不易落座。既已来到台南，如不择一而食，有如空入宝山。

至于虱目鱼肠，通常连肝而食。早年郑极煮的鱼肠汤，望之卷曲而黝黑，入口却鲜腴无比，有的人望而却步，我可是每到必尝，如今已久不知其味矣。“阿堂咸粥”的鱼肝肠，改用煎的，较为腥腻，不为我喜。比较起来，位于中山路的“阿川”，其鱼肠则用卤的，即使微有腥气，但因腴嫩滑美，而且卤得到位，确实无与伦比。以此搭配其手工综合鱼丸汤而食，清新柔细，余味不尽。可惜此一尤物，往往开店才没多久，就必销售一空。阁下想要同享，品其味外之味，须起个大早，只要晚个一步，就会扑空而返，终究扼腕叹息。

两式鲫鱼在“酒田”

记得十几年前，我曾在高雄的“吉园”，吃到一席够水平的汉和料理，至今不曾或忘。里面的好菜有酿以蚵仔和韭菜的炸香菇，下垫白果、高丽菜心的细嫩黑胡椒牛肉，裹了蛋皮软炸、蘸微辣萝卜泥共食的河鳗，嫩爽的烩黄芽菜心，咸鲜够味、适合下酒的烤油鱼子，外裹芋丝、食来软脆的炸榴梿等。然而，最令我念念不忘的，还是望之不甚起眼、食来须不厌其烦的豆酱渍鲫鱼。小碟奉客，一碟一尾，细品之后，余味不尽。

鲫鱼，古称鲋、鲼，又称鲫瓜子、鲫壳子、喜头金鱼、喜头鱼、鲫子，乃硬骨鱼纲鲤形目鲤科鲫属。它之所以得名，据宋人陆佃《埤雅·释鱼》上的考证：“鲫鱼旅行，以相即也，故谓之鲫；以相附也，故谓之鲋。”即、附皆是相随相靠的意思。由于鲫鱼旅行，必两条以上相随而行，所以古时男女结婚，礼毕要食鲫鱼，便是取夫妇相附相即的吉兆，盼能夫唱妇随，举案齐眉。

鲫鱼的适应力极强，除青藏高原外，中国各水系皆有出产，以湖北梁子湖、河北白洋淀、江苏六合龙池所产的最佳。此外，日本、朝鲜、韩国、越南等均有出产。台湾现因溪流中几乎全是吴郭鱼（台湾鲷）的天下，已难觅野鲫的芳踪了。

喜栖于水草丛生之浅水河湾湖泊中的鲫鱼，生长的速度，每因地区而有所不同，像长江中下游的鲫鱼，大的可达一公斤以上。台湾的鲫鱼与之相比，不啻小巫见大巫。另，鲫鱼四季皆产，以春、冬两季所产的，肉质尤佳。

中国人自古即食用鲫鱼，《礼记》、《楚辞》、北魏贾思勰《齐民要术》、宋人郑望之《膳夫录》等文献内，均有记载。元代以后，鲫鱼的烧法愈趋精细，且大都流传至今。如元末明初《多能鄙事》内所载的"酥骨鱼"、清代《调鼎集》中所述的"荷包鱼""熏鲫鱼"等，现在仍是席上隽味。台湾目前以葱烤鲫鱼最受欢迎，只是一般的餐馆很少拿它当成大菜，多充作小菜，用来打头阵。

比较起来，鲫鱼以做汤最能体现其鲜美滋味，其名菜相当多，配料则各有千秋。如江苏的白汤鲫鱼，配春笋、香菇、火腿；山东的奶汤鲫鱼配蒲菜；上海的萝卜丝汆鲫鱼配萝卜丝；浙江的汆蛤蜊鲫鱼配蛤蜊等，无一不是其中的佼佼者。

鲫鱼之味虽美，但刺儿又细又小，很多人怕麻烦，不是拒绝不吃，就是只吃骨头酥烂、全尾可食的葱烤鲫鱼。我家的女儿及儿子，都有个让人羡慕的本事，就是在年未及三岁时，便很会吃鲫鱼，食来啧啧有声，刺则根根吐出，从未见鲠在喉，真的很不简单。他们这个绝活，常让老爸脸上飞金，扬扬自得。

“酒田日本料理”的前身即是“吉园”。它除了保留原先的成名菜外，鲫鱼的料理更上一层楼，在原先蒸煮的渍豆酱鲫鱼上，又推出口味略甜的酥骨鲫。一咸一甜，一嫩一酥，各有佳味。少尝一样，爽然若失。而这蒸的和煨的，到底哪个最棒，可能因人而异。不过，清代大美食家袁枚的看法，颇有参考价值。他在《随园食单》里指出:“蒸法最佳,其次煎吃亦妙。……通州人能煨之，骨尾俱酥，号‘酥鱼’，利小儿食，然总不如蒸食之得真味也。……”显然他老兄对用蒸的情有独钟，喜欢粉嫩的，胜过酥透的。

后来又去“酒田”数次，都坐在料理台前吃。两式鲫鱼，一个不少，搭配他味，烫个清酒助兴，一微酥一细嫩，吃得不亦乐乎!

蒸肉饼佐饭一流

日人辻原康夫编著的《阅读世界美食史趣谈》一书中，关于汉堡的起源，指出："许多人认为，应当来自德国北部的海港城市汉堡，后来美国人加以改良，才风行全球。因为这层缘故，汉堡的英语 hamburger，和德国地名汉堡（hamburg），几乎雷同。不过，这种说法已被扬弃。只要深入了解就可发现，德国汉堡地区的民众不吃汉堡，德语也没有相当于英文 hamburger steak（汉堡煎牛肉饼）的词。换言之，汉堡是如假包换、美国人发明的食品。……威斯康星州有个名叫'赛门'的小城镇，自称是汉堡发祥地，还大张旗鼓地成立'汉堡博物馆'。……到了公元 1921 年，堪萨斯州威齐塔城出现一家名为'白色城堡'（White Castle）的餐厅，首度以新鲜牛肉作材料，而且是汉堡专卖店。该餐厅名号打响后，影响所及，专门卖汉堡的‘麦当劳餐厅’于公元1940年成立，慢慢随着金黄色的M标识征服全世界，汉堡也成为全球首屈一指的快餐食品。”

看了以上的记载，“汉堡”由美国人发扬光大固然是事实，但说成美国人所发明，却距真相太远，离谱得一塌糊涂。就我个人研究，目前全世界关于煎肉饼（即在两块面包中间，所夹的那块肉饼）的记述，首推明人宋诩所著的《宋氏养生部》。

该书中的“牛饼子”有二制，“猪肉饼”则有三制。此牛饼子的做法其一为：“用肥者碎切，几上报斫细为醢（即肉酱）。和胡椒、花椒、酱，浥（即湿润）白酒，成丸饼。沸汤中烹熟浮，先起，以胡椒、花椒、酱油、醋、葱调汁，浇瀹之。”其二为：“酱油煎。”至于猪肉饼的做法，其一为：“用肉多肥少精，或同去壳生虾，或同生黑鳢鱼、鳜鱼，鼓刀几上薄皴牒（即切薄片），又报斫为细醢，和盐少许，有杂以藕屑，浥酒为丸饼。非蒸，则作沸汤烹熟，以胡椒、花椒、葱、酱油、醋与原汁调和浇瀹之。”其二为：“取绿豆粉皮，下藉上覆之，蒸用则块切，和物宜芝麻腐、豆腐、山药、生竹笋、蒸果、蒸蔬。”其三为：“以酱油同香油煎熟，和物宜鲜菱肉（去壳）、藕（块切）、豇豆（段切）、鸡头茎（段切，俱别用油盐炒熟）。”由上观之，制作肉饼既讲究且费工，不是今日汉堡这种急就章食品所能望其项背的。

又，宋诩是松江华亭（今属上海）人，母亲朱氏善烹饪。朱氏曾数随其父、其夫宦游京师，且至江南数地，才有机会“遍识方土味之所宜”。其旷世饮食巨著《宋氏养生部》，即由其母“口传心授”，始录撰成书。而此书的最大价值，当为保存了相当数量的古菜点和当时食品的烹制经验，故牛饼子及猪肉饼的发明，应在明代中叶之前。它从高档菜肴，竟“飞入寻常百姓家”，并活跃化外之域，系历史宿命所使然，抑或是历史上擦枪走火所导致的突变，实有待吾人观察。

而今中国人食用肉饼，多蒸少煎，用猪肉弃牛肉，其种类因配料而异，丰俭由人，经济的可加霉干菜、榨菜、冬菜、菜脯（即萝卜干）、酱瓜、豆豉、咸蛋、咸鱼或虾米等；较讲究的可加虾子、大地鱼、冬菇、鱿鱼、干贝等。还有人好加葱花，可谓不一而足。

一般而言，蒸肉饼的肉料最好是半肥半瘦的枚头肉，肥的约占三分之一，瘦的占三分之二，肥肉要切小方粒，瘦的则剁成肉碎后，再将小方粒的肥肉，加注少许生油豆粉，与肉碎搅匀，最后加入配料蒸之即成。（此部分可参酌香港美食家、特级校对陈梦因《食经》原著，江献珠撰谱的《古法粤菜新谱》）

位于苗栗的“精致小馆”，其蒸肉饼以咸蛋为辅料，蒸好之后，甘、香、松、滑、腴、润，其汁醇和而鲜，将肉饼及汤汁置白饭上拌匀，滋味棒极，耐人寻味，和我岳母精心制作的互有短长，同为佳构。此外，我亦爱好新店“五福小馆”的咸鱼及咸蛋蒸肉饼，腴滑松嫩，浓郁够味。只消有此一味，非但可下白饭，且能浮一大白，白酒白饭互济，更是莫大享受。

羊肉锅内有佳蔬

二十余年前，我有一次赴香港，在中环吃罢“九记牛腩”“林记龟苓膏”及“莲香楼”的茶饮后，便去书店逛逛。结果在书架底端暗无天日处，翻出一本题为“海内孤本”的《全羊谱》，薄薄数十页，记载着羊肉从头到尾的吃法与制法，让我大开眼界，读罢数遍，心痒难搔，每恨不得一尝为快。

当时台湾整治羊肉的厨林高手，首推“奇庖”张北和。我尝过他烧的盐水羊头、无膻羊肉、羊肉炉、熏羊蹄、蒸羊春子等，道道皆是奇味。然而，他老兄远在台中，无法经常品享，幸好这家位于台北吉林路的“林家蔬菜羊肉店”，有几味颇称得法，尚可一膏馋吻。

盛行于清朝的“全羊席”，本是伊斯兰教的“圣席”，亦是他们的最上宴席，席面设茶而不设酒。这种“全羊席”分早、中、午三席，每席都是先上茶点，然后上饭点、菜肴，不管是何种席，皆二十七个菜，最后上汤。后来传进宫廷，清宫里的“全羊席”，即是在“圣席”的基础上，仿“满汉全席”的格局，总共为七十二道菜。因此，袁枚在《随园食单》中称：“全羊法有七十二种。”不过，他认为“可吃者，不过十七八种而已”，而且“此屠龙之技，家厨难学”，须“一盘、一碗虽全是羊肉，而味各不同才好”。真是知味之言。

吃“全羊席”是有规矩的。其中，最重要的是：席首要摆羊头，头面朝外（向下看），以示开席。席末亦要以同样的方法摆放羊尾，以示终席。边吃边休息，乃特色之一。而吃罢此全羊之席，至少也要一天光景。

全羊席另一特色是要求就羊之头、颈、上脑（位于脖子后、肋条前）、肋条、外脊（大梁骨外，形如扁担，一名扁担肉）、里脊（外脊后下端，形如竹笋）、磨裆（后腿上端）、三岔（在尾根前端）、内腱子（后腿上半部）、腰窝（腰部筋骨后面）、腱子（前、后腿上的肉条）、胸口（前胸部）、蹄及尾等部位及内脏分档取料，再运用爆、炒、蒸、熘、涮、汆、炸、扒、烤、酱、卤等方法烹饪，不但讲究“味各不同”，而且得“无往而不见羊”。这种用羊而每道菜都看不见羊且菜名也不许露出是羊的方式，确实是高难度，让人叹为观止。

这些奇妙菜名，就举“林家蔬菜羊肉店”有卖的为例，舌头叫“迎香草”“落水泉”；蹄称“青云登山”；肝是“红炖豹胎”“红叶含霜”；肚为“八宝袋”“蜜蜂窝”“炒银丝”“爆荔枝”；心乃“七孔灵台”。其他名称，林林总总，花样百出，匪夷所思。

事实上，这些玩意儿在《清明上河图》里就已出现不少，有人仔细地数，竟有二十六种，除羊肉外，尚有羊头、羊蹄、羊肠、羊腰子及羊肚肺等。可见当时（指北宋）首都汴京（今开封）食店所供应的羊肉及其他部位确实可观。

“林家蔬菜羊肉店”所用的羊肉，从台东当日运来，经脔割分类完毕，已近华灯初上之时（只晚上营业），我看了一下，其蔬菜羊肉锅的种类计有菜心锅、芥菜锅、姜丝锅、芦笋锅、萝卜锅等七种。就其滋味而言，以菜心最得味，芥菜、芦笋次之。可惜的是，菜心只在严冬季节供应。而在享用之前，宜先点羊骨、带皮羊肉（切成小而薄的，方便一口食）在羊汤内续烧，然后夹羊肉入涮锅内，待刚熟即食，瘦的部分爽脆带嫩，带筋膜的与肥的，则软腴显韧，可谓各擅胜场。至于各式内脏，炒法与别家大同小异，实无特别之处。此外，其卤羊蹄及口条、脸子（即羊舌及舌边肉）倒还不错，卤得透而入味。蹄中之髓可食，吸吮直接入口，另有一番滋味。羊舌卤得太烂，切得亦厚，颇似败絮，诚败笔之处。

我爱清炖狮子头

狮子头的做法，有红烧者，亦有清炖者，手法人人会变，但我偏爱后者，经常乐在其中。

虽说扬州的狮子头最负盛名，然而，当地人可不是这么称呼的，而是叫劖(其音义同“斩”)肉。已故美食家唐鲁孙曾说:“这道菜虽然名闻南北，可是在扬州人眼里，劖肉只能算是家常饭菜，照规矩，在正式酒席是不能登席荐餐的。……虽然家家主妇都会煮，可是选肉、刀工、火候，各有独得之秘。所以，这种吃力不讨好的劖肉，饭馆子也甘藏拙，不跟人家一较短长了。”其实，这种说法只对一半，当今扬州餐馆的狮子头，可是非同小可，已与拆烩鲢鱼头、扒烧整猪头齐名，号称“扬州三头”。

关于此菜的起源，一说是隋炀帝游罢扬州的万松山，肚子咕咕叫个不停，御厨于是敬献四菜，其中的葵花劖肉，正好是一大肉丸，颇受皇上欣赏，随即宴赐群臣。另一说则是唐代郇国公韦陟坐镇扬州时，一日，其家厨特地烧制十对巨大的肉丸子，供其大宴宾客。外形雄浑伟硕，既美观又大方，好似猛狮之头，博得个满堂彩，郇国公大乐，遂命名狮子头，一直沿袭至今。

清人林兰痴（林苏门，号兰痴）《邗江三百吟》即载有“葵花肉丸”一则，其诗文云：“肉以细切粗劖为丸，用荤、素油煎成葵黄色，俗云：‘葵花肉丸。’宾厨缕切已频频，团此葵花放手新。饱腹也应思向日，纷纷肉食尔何人？”描述其制作过程及形色吃相，堪称十分得体且传神。

王化成先生，本为扬州人，每在公余之暇，亲操刀俎，以娱嘉宾，狮子头即其拿手菜之一。曾将其制法告诉梁实秋，载之于《雅舍谈吃》一书中。

据载，首先王氏的取材极精，所选的肉乃“细嫩猪肉一大块，七分瘦三分肥，不可有些须筋络纠结于其间”，只是已故的扬州美食专家杜负翁却认为“中猪的肋条肉”最佳。至于在做法上，杜主张“细切粗斩”，细切为“切成细粒”，粗斩仅“略剁而已”；这和王化成的“多切少斩”实有异曲同工之妙，因他的法子为“挨着刀切成碎丁，愈碎愈好，然后略为斩剁”。

其次为芡粉。须把调好的芡粉抹在两个手掌上，捏搓肉末，这样丸子外表便自然糊上一层芡粉。红烧者，再把丸子微微一按，下油锅炸，以丸子表面紧绷微黄为度。紧接着是蒸，其下垫转刀冬笋块或横切黄芽白，大火蒸透，吸去浮油即成。清炖者，则以大白菜嫩叶同煮，汤汁较清。由于最上品的，其嫩有如豆腐，不能用筷子夹，要用羹匙舀。加上肉里已掺葱汁、姜汁和盐，本身即味足，可直接送口。

"三分俗气"和"枫林小馆"的清炖狮子头，其在制作上，先将肉丸子轻轻放在陶制浅盆砂锅中，放盐、姜及料酒，以文火煨透，下垫大白菜叶，煨好连锅同上。但见其汤汁呈乳白色，肉丸腴香鲜嫩，大白菜酥烂可口，堪称狮子头中的上品。远望朴实无华，近观香气四溢。真的很有本色，已将普通的家常菜提升至另一层次，"看似寻常却奇崛"。

吃狮子头还有个不传之秘，那就是肉边菜已吸饱油脂，入口爽润鲜清，味道更胜于肉，这一老饕眼中的珍品，又可使营养平衡，可别忘了吃它哟！

“红烧大肠”贵得味

我从小就爱吃大肠，尤其是大肠头，只要煮得够软熟烂透，没有不好吃的道理。近十余年来，过口的大肠好料理，算来也有几家。像台北“翠满园”的卤大肠、“上海极品轩餐厅”的苦瓜肥肠、中和“大庄”的套肠、“聚丰园江浙美食”的红烧圈子、台中“将军牛肉大王”的九转肥肠和永和“三分俗气”的茄肠煲等，均是一时之选，极尽变化之能事，每思之必涎垂，只是年事日高，内心有所忌惮，不敢放胆大嚼。

当然啰，我之所以超爱食大肠，事出有因。记得高中初读吴敬梓的《儒林外史》时，即对其第三回“周学道校士拔真才，胡屠户行凶闹捷报”里的一段，兴致特浓，话说“范进进学（即考上秀才）回家，母亲、妻子，俱各欢喜。正待烧锅做饭，只见他丈人胡屠户，手里拿着一副大肠和一瓶酒，走了进来。范进向他作揖，坐下。胡屠户道：‘我自倒运，把个女儿嫁与你这现世宝（即活宝）、穷鬼，历年以来，不知累了我多少。如今不知因我积了甚么德，带挈你中了个相公（秀才别名），我所以带个酒来贺你。’范进唯唯连声，叫浑家（即妻子）把肠子煮了，烫起酒来，在茅草棚下坐着。母亲自和媳妇在厨下造饭”。等到饭菜烧好，“胡屠户又道：‘亲家母也来这里坐着吃饭。老人家每日小菜饭，想也难过。我女孩儿也吃些，自从进了你家门，这十几年，不知猪油可曾吃过两三回哩？可怜！可怜！’”。作者虽把胡屠户的刻薄势利状描绘得十分传神，但我却对故事的发生地广州的烧大肠法，甚感兴趣。不知范进的老婆对这得来不易的大肠，是如何料理的，以至胡屠户“吃的醺醺的”，“横披了衣服，腆（凸）着肚子去了”。

粤菜在20世纪二三十年代时，大放异彩，博得“食在广州”的美誉。而在当地，大肠是上不了台面的菜，只流行于酒楼（早茶）、小食肆间，一般家庭亦少食用。其法不外加榨菜末的干烧和炸（如“脆皮炸肠头”）等方式，算不得珍味。比较起来，上海的本邦菜馆就高明多了，一道“红烧圈子”（“圈子”为猪大肠别名），或直接烧或加草头（即金花菜，乃江南著名的野菜之一）衬底，均极软烂适口，加上草头，更增色泽，实为令人百吃不厌的家常菜，有时尚可登席荐餐。

此本邦菜的原始面貌为“弄堂菜”，它兴起于弄堂之内，经营者多半是由饭摊升格而成的小饭馆，客人则以蓝领居多，设备大半简陋，价格一向不高，充满着人情味，菜肴以浓油赤酱（即油重且酱色厚）著称。目前台北的老字号尚有“隆记”“三友饭店”“开开看”等。

“介云轩”乃弄堂菜的后起之秀，装潢古朴雅致，仍保留着将柜台置于门首，烧好的菜肴搁于其上的“头盘菜”风格，菜式经常变化，口味醰厚隽永，客人可随喜好点选。

其红烧（即卤）大肠确属佳构，造型相当别致，外观呈卷筒状，再以麻绳扎牢，食前剪开麻绳，随即切成片状，盛盘上桌。据说此菜在制作时，费了些功夫，需事先把大肠剪开，剔尽附着其上的脂肪，再用醋水煮过辟腥，接着一圈圈以细绳绑紧，最后添加酱油、八角、糖、酒等调料，用小火慢慢烧，历两小时而成。其滋味软嫩且滑，不但略带咬劲儿，而且不肥不腻，加上鲜香清爽，足令老饕垂涎。此外，精选上乘稍带软骨的五花肉所烧制之“东坡肉”，口感滋味之棒，不在大肠之下，自有一番食味。诸君如不敢吃内脏的话，这倒不失为另一绝佳选择。

又，店家自制的腊味可算一绝。或蒸或用蒜薹炒，皆各擅胜场，以此佐白干享用，爽到自家君莫管。

清真牛肉两隽品

讲句老实话，想将牛肉从凡品变神奇，除刀工卓越外，还得注意悬挂及烹调得宜，若少其中一项，滋味不过尔尔。

牛肉的含水量，较羊肉等为多，且其肌纤维长而粗糙，加上肌间筋膜等结缔组织亦多，经初步加热后，蛋白质一凝固，则收缩性增强，持水性相对降低，以致失水量激增，反而使肉质老韧。为避免此一缺点,在烹调时,常采用切块炖、煮、焖、煨、酱、卤等长时间加热的料理方式。一般来说，仅牛的背、腰及臀部肌肉纤维斜而短，筋膜等结缔组织少，如细切成丝、片等形状，以旺火爆炒成菜，可获致柔嫩的效果。即便是如此，掌握火候仍具关键地位，稍微一过火，必老韧难嚼。

而为改善牛肉的肉质，传统的方式为悬挂法。此法为把大件牛肉吊挂起来，利用其本身重量及地心引力拉伸肌肉，致肌纤维僵直不收缩，并促其易于断碎。运用此法得宜，将使牛肉的嫩度提高三成，故业界行话称“牛肉要挂”，其道理即在此。

此外，古人累积经验，发现要炒好牛肉丝，在抓浆之际，加一到二匙生植物油，先静放半小时后再炒，能使油分子配合着水分子，在肌纤维当中产生遇热膨胀便爆开的效果，以至肉质金黄滑润、细嫩松软。至于现代人处理的方式，花样可多着哪！在此且不一一细表。总而言之，秘方或有不同，效果应无二致。

唐朝有两道牛馔，堪称经典之作，其一为“水炼犊”，其二为“甲乙膏”。前者为高温蒸制小牛肉，乃唐中宗景龙二年（708）时，大臣韦巨源晋升右仆射，循例向皇帝献食“烧尾宴”中的一道美味，号称“炙尽火力”，以肉酥汤鲜、深有回味著称；后者出自冯贽的《云仙杂记》，它盛行于巴蜀地区，非尊亲厚知不能享用，即令是家中的娃儿，也只能三年打一次牙祭，这等特殊习俗，实在挺有意思。

制作此菜不难，取治净之牛肉，先切成细丝，以料酒、精盐腌浸入味。再把鲜笋及少许葱姜亦切丝，炒锅内添油少许，烧热后下豆豉煸炒，待香味释出时，下牛肉丝煸炒，约至八分熟时，接着加笋丝、葱姜丝、调味料，等到炒酥入味后，装盘撒上花椒盐即成。由于豉香浓郁，肉酥爽口，甚宜下饭佐酒。

素负盛名的“清真中国牛肉馆”，是一家逾半个世纪的老字号，以精制东北斤饼和善烹牛肉汤扬名。其由“水炼犊”演进的清炖牛肉汤，以及从“甲乙膏”变化而成的京酱牛肉丝，同为佳品，放眼台北，罕出其右。炖与煨颇近似，皆以砂锅为之。记得为袁枚《随园食单》作注的夏曾传，讲过他在上海川沙时，曾尝过“煨一昼夜而成”的牛肉，滋味“肥美异常”。其实，本馆的清炖牛肉汤亦甚得法，肉皆半筋半肉，火候已然到家，质地软柔有劲儿，汤汁醇郁鲜清，一块接着一块，吃得不亦乐乎！

又，俗话说：“南人嗜豉，北人嗜酱。”其京酱牛肉丝，用的是甜面酱。牛肉切细丝爆，质滑细而软嫩，酱则甘鲜不腻，其下垫以葱丝，色益鲜明亮丽。直接送口固佳，以斤饼（即家常饼，一斤面大概可以烙四张）包裹之，更是棒得可以。如再搭配着牛肉汤，一次吃个够，委实妙不可言。

腐竹烤排骨够味

源自“银翼”餐厅的“郁坊小馆”,是台湾目前打着“川扬”名号的餐馆中，手艺最佳、价格公道且具口碑的上好馆子。自从“银翼”几经迁移转手，花样虽增加，滋味却下降，早就今不如昔。故两者比较起来，堪称分身的“郁坊”早已凌驾本尊“银翼”之上了。

据逯耀东教授的研究，“川扬”招牌的出现，是在海派川菜与淮扬菜合流之后,且“台北‘银翼’的川扬,非来自上海”。究其实，“‘银翼’原是抗战时昆明空军的福利餐厅，并供应陈纳德飞虎队的饮食，后复员杭州笕桥，撤退来台后，独立而出。初张于台北火车站旁,室内装潢仍是空军蓝色,又为名‘银翼’,以示不忘本”。可见“银翼”本身绝非出自上海的“正宗”川扬菜。不过，它早年的滋味确实不凡，我自三十余年前第一次去吃时，便留下深刻的印象。其后，又吃了数回，感觉甚满意。只是愈来愈不对味，经多方打探后，始知吕主厨自立门户，将本尊的好风味全带到分身去啦！

基本上，“郁坊”随吃随有的菜色，尽属家常口味，其中不乏佳味。而那些得预订的大菜，有能登席荐餐的，也有像家常菜的。现要介绍的腐竹烤排骨即属后者，不论配饭下酒，都是一道美味佳肴。

腐竹和百叶的俗名都叫豆腐皮，有些人搞不清楚，常将之混为一谈。其实，两者纵然都属豆制品，但在制作上，则大相径庭。百叶是以豆腐脑（即豆花）用布折叠压制成片状的成品，又称千张、皮子、豆腐片、腐皮、豆片等。其含水指标不得超过百分之七十五，以薄而匀、质地细腻、柔软而有咬劲儿、色泽淡黄、久煮不碎、味道纯正为上品。它多用于家常菜或充作小吃，仅素馔才上得了台面，当成筵席菜色。

腐衣和腐竹的做法为豆浆烧煮后，其中的一些脂肪和蛋白质会上浮凝结而成薄膜，揭下平摊成半圆形的称腐衣，亦名油皮、膜儿等。如将其卷制成细长杆状的便称腐竹，又有油腐条、人参豆腐、豆笋、皮棍、豆棒、豆筋棍等别名。这两款豆制品，都以最先揭起的质量最佳。其中，腐衣越薄越好，如色淡黄、手感柔韧、半透明而油亮，每五百克在二十张以上的，即为上品。

腐竹则以支条挺拔、色淡黄而有光、手揪易碎者为上品。此外，二者皆不宜久贮，保存时必须干燥，一旦质变，不堪食用。

一般而言，腐衣除专业生产外，亦有由豆腐坊生产者。豆腐坊所生产的，往往只揭几张，质量较优。名产如浙江富阳的产品，每五百克竟可达四十到六十张，号称“金衣”。而今腐竹，多采取专业生产，产地很广，名品不少。像桂林腐竹、长葛腐竹、陈留豆腐棍等，皆是其佼佼者。在制作上，腐衣、腐竹因清鲜素净，乃素食中的上等食材。而其在烹调前，应先发至柔软，然后再行运用。腐衣常用之于汤料及里料制成卷菜；腐竹在运用上更为广泛，既可制成素干贝，也可单独成菜（如干炸响铃、卤腐竹、油焖腐竹等），甚至可与荤素食材配合成为大菜，供食客品评享用。

“郁坊”的腐竹烧排骨，其最著者为豆香、肉香融合，释出阵阵清香，腐竹柔中微韧，排骨醰烂欲脱，滋味愈探愈出，取其残汁拌饭，更是棒得可以，备感亲切有味，颇有妈妈的味道。令人食指大动，胃口随之而开，常在指顾之间，已接连落肚矣。

牛肉炉中藏玄机

食友林先伟君奉调至屏东，我先后拜访了他两次，都是去吃新鲜的牛肉炉。头一次的店家，在菜市场里面，其汤头和牛肉等食材,味道都还不坏,但有成长空间。这回我一到,他便说:“好东西要和好朋友分享。这家叫‘川园’的鲜牛肉炉，一个礼拜我总得去尝个一两次，觉得挺棒的，一定要带你去品鉴一下。”因此，我又吃了一回鲜牛肉炉，滋味相当不错，食材十分新鲜，汤头也够水平，难怪他会吃上了瘾。而我经此洗礼，往后亦成了其主顾。

店东自云其牛肉，全是采购自台南未注水的土黄牛肉。事实上，中国是最早驯养牛为家畜的国家之一。远在先秦时期，牛已列为六畜之一，并以牛为牺牲，列为三牲之首，且称三牲为“太牢”。其中，最常使用者，即为黄牛。

一称畜牛的黄牛，主要分布于淮河流域及其以北地区，又因其体形和品种上的差异，可分成蒙古牛、华北牛和华南牛三大类。其名品多为华北牛，较著者有晋南牛、秦川牛、南阳牛、鲁西黄牛等。台湾及金门所出产者，皆为华南牛，个头略小，肉味稍逊，如果现宰现吃，其味亦甚可口。

一般而言，黄牛体格高大结实，肌肉纤维较细，组织较为紧密，色深红近紫红，肌间脂肪分布均匀，吃口细嫩芳香。近年来，业者已开始饲养肉用黄牛，其肉质已进一步提升。不过，台湾的黄牛（主要分布于台南）数量有限，每每供不应求。于是各餐馆莫不以“土”黄牛为号召，冀获食客青睐，可以门庭若市。其实，诸位吃到假的（进口牛多半带点儿异味，如美国牛甚甜，亦不适合炖、熬），也用不着大惊小怪。因为店家的市招上，早就明言它是“黄牛”肉，这岂能当真呢？

在五代后唐天成、长兴中（926—933），“以牛者耕之本，杀禁甚严”。因此，对于牛肉风味，文人甚少咏赞，食籍亦少记载。不像《玉堂闲话》云：“（牦）牛致肉数千斤，新鲜者甚美，缕如红丝线。”盛赞其味佳美。我遍翻食籍，由两宋迄清，仅明代《宋氏养生部》所载的生爨牛与熟爨牛最有味儿，而此亦是时下鲜牛肉炉的始祖，且在此细说分明。

据《辞源》上的解释，爨有灶及炊的含义。前者见于《诗经·小雅·楚茨》，写着："执爨踖踖，为俎孔硕。"后者出自《孟子·滕文公上》："许子以釜甑爨，以铁耕乎？"因而后人便以爨当作厨房之代称。又，有一成语为爨桂炊玉，即言薪难得如桂，米价贵如宝玉，借以形容物价昂贵，生活艰难。话说回来，爨的通行意义，即为烧火做饭。

生爨牛的制法有二："一视横理薄切为牒（《礼记》云："薄切之，必绝其理。"），用酒、酱、花椒沃片时，投宽猛火汤中，速起。凡和鲜笋、葱头之类，皆宜先烹之。""一以肉入器，调椒、酱，作沸汤淋，色改即用也。"至于熟爨牛的制法则为："切细脍，冷水中烹，以胡椒、花椒、酱、醋、葱调和。有轩之，和宜酸齑、芫荽。"

由上观之，生爨牛的做法分别为汆、涮或浇、烫；熟爨牛当是煮熟之后，再加调味料而食。

常见的鲜牛肉炉，显然是将牛肉择部位切片，放入煮滚的宽汤中汆熟，只要肉够新鲜，中微带红不忌，如果牛肉甚佳，久煮不柴不涩。而"川园"的牛肉，肉质超越常品，蘸沙茶酱调汁而食固佳，但佐以其自制的嫩姜（置于牛肉正中，卷起，直接蘸酱油吃），风味更佳，耐人寻味。

此外，在享用店家的鲜牛肉炉时，务必要点其牛心、牛肝与牛双弦（即牛之大小肚），广府人称此三样为"牛三星"。三者同纳一盘中，牛胃味甘性温，可补虚，益脾胃；牛肝味甘性平，补血、养肝、明目；至于牛心，当然是补心啦！诸君的胆固醇及嘌呤如果正常，尽管放胆食用，保证受益匪浅。

“翠满园”之冬菜鸭

或许是体质的关系，我对吃鸭的兴致，始终超过同为家禽类的鹅、鸡。而在各种鸭馔中，我独钟爱冬菜鸭一味，然而，烧得好的餐厅极少,屈指可数。此外,台湾的习俗,比较少吃鸭，即使食鸭肉，多做姜母鸭。推究其原因，在于本地人多认为鸭肉性寒、有毒，有以致之。其实，比起鸡来，鸡之性温，其肉其汁，补力甚大，吃后易使疾病复萌，故称其为发物。性凉的鸭则不然，有通利水道之功，滋补中兼具疏利，使病后的脏腑气机不壅滞，因而病后进补荤食，通常用鸭而不用鸡。

清代名医王士雄在其名著《随息居饮食谱》中提到鸭时，指出:“滋五脏之阴，清虚劳之热，补血行水，养胃生津，止嗽息惊，消螺蛳积。雄而肥大极老者良。……”不过，它非十全十美，也有些后遗症。故书中又云:“多食滞气滑肠，凡为阳虚脾弱，外感未清，痞胀脚气，便泻、肠风皆忌之。”我才不管三七二十一，举凡烤鸭、烧鸭、板鸭、腊鸭、酱鸭、糟鸭、香酥鸭、八宝鸭、柚皮鸭、卤鸭等无一不爱，更何况是那思之即涎垂的冬菜鸭呢?

冬菜鸭要烧得好，除了鸭要皮薄肉嫩、肥而不腻外，另一要角的冬菜，尤为画龙点睛所在。如果运用不当，其成色不佳，将会有“一着错，满盘输”之叹。

顾名思义，冬菜因制作多在冬季而得名。中国各地生产的冬菜，不论在用料上或工艺上，均有所区别，但其皆需经过乳酸发酵、醋酸发酵和轻微的酒精发酵，则无不同。是以其成品全具有清香鲜美的味道，不愧是增鲜、开胃、解腻的佳品。一般而言，其主要品种有津冬菜、京冬菜、川冬菜和仿冬菜这四种。其中，又以津冬菜最负盛名。

津冬菜主产于天津市，一名荤冬菜。它是以大白菜为原料加工制成。其制作时，先去掉绿帮叶、菜头，再用刀剖半，划成细丝，切成小斜方块，晾至半干后加盐，进行腌制后，随即拌入蒜泥装坛,经发酵数月即成。成品色泽金黄,味鲜香而微酸,带有蒜的香辣味，可直接食用，烹调时多充作配料。北方多用于氽汤、熬鱼、炒羊肉等，有时加入汤面及馄饨中，别具风味。

京冬菜主产于北京、河北、山东等地，亦是用大白菜加工制成，但辅料不是蒜泥而是花椒（蒜为道家戒食的五荤之一），故名素冬菜，使用方法与荤冬菜相类。

川冬菜主产于四川，资阳、南充所产者，名气最响。系用箭杆青菜或乌叶菜嫩尖加工制成。其制作时，因使用花椒、料酒及五香粉，以至于味美香浓，非常讨喜。

至于仿冬菜，主产于广东潮汕一带和浙江的杭州、台州等地，制作的主原料为卷心菜（一名洋白菜、圆白菜，台湾称高丽菜），加工方法及风味特色，与京冬菜基本相同。《本草纲目》谓其“颇利膈下气，其卤汁煮豆及豆腐食，能清火益肺，诚食中佳品也”。

台北“翠满园”的白菜火锅炖鸡、神仙鸡锅、一品锅等，皆是有名于时的汤品。此三者我皆尝过，滋味诚然不错，堪称汤菜极致。由于我爱食鸭，自然认为其冬菜鸭的美味尤有过之。但见此菜以砂锅端出，全鸭置于正中，其上缀以仿冬菜末，黄中带褐色，像煞向日葵，待分解鸭后，其下皆笋条，满满衬于锅内。鸭肉丰满细嫩、皮薄不腻，固不待言。笋子的质脆甘鲜与汤汁的清洌香馥，引人入胜。连吃三碗，仍意犹未尽。在天寒时受用，其滋味之佳美，更是绵延不绝。

偏爱芭乐饶滋味

芭乐（番石榴）一直是我超爱吃的水果，这半个世纪以来，它不论在种类、长相及滋味上，均变化甚大，但我迄今仍秉持初衷，一路食来，始终如一。

它原产于热带美洲，随着西方人足迹，先传至菲律宾，再传往南洋和印度，最后落脚于广东，正因其果实多籽，类似中土固有的石榴，且其由南方传入，因而被称为番石榴。毕竟，南方在中国历史上，文明进程较晚，通称为蛮或番。

当郑成功打败荷兰人，收复台湾作为根据地时，大陆沿海居民大量渡海垦台，有人携来番石榴，起初叫作“那拔”，后再昵称“拔仔”，但不知何故，易名为“芭乐”，现已成通称。推溯其始源，应为美化的同音字，是以王礼阳在《台湾果菜志》中表示：“严格说起来，是一种错误。”

生命会自行寻找出路，自引进的番石榴再以种子繁衍后，质量逐渐劣变，甚至于野生化，果实小，果肉少，外表粗糙且少香气，就算种子的瓤肉颜色不一，有白色、有红色、有黄色，甚至是浅青色，依然乏人问津，几乎毫无经济价值。

到了20世纪初，终于有了新契机。据台的日本人，先后从印度、美国以及爪哇、广东等地，再行引入优良品种，经驯育并大为推广的代表品种有二：其一是状呈圆球形，貌似南瓜棱状鼓起的四季拔；另一种则是和我渊源极深的梨仔拔，其果实为长圆形或洋梨形，果肉厚，心部小，根部硕。当我在六至十岁时，家住彰化员林的法院宿舍，庭院约四十坪（约一百三十平方米）大，栽种十余株梨仔拔，枝繁叶茂实又多。我从其开花到结果，始终目光紧盯着，寻找最佳下手点，接着欣然送口中，享受那芬芳脆美，确实为一大乐事。

此时四季拔和梨仔拔的主产地，在员林的花果山，也是我小学远足时常去之地。一路上不乏上好的番石榴，结实累累，好不诱人。顺手采摘而食，也是顽童题中应有之义，虽然老师一再告诫，手痒难自制者，仍旧大有人在。

自1981年后，由泰国引进巨型番石榴，产地转往高雄，经不断改良培育，燕巢的牛奶番石榴声名大噪，和无籽番石榴并称，可谓一时瑜亮。

番石榴之妙，在滋味转换。其颜色随成熟度的增加而转淡，四季拔尤明显，于七分熟时，颜色为浅绿，果肉脆而爽，食之有喀声；到了九分熟，肉质已软化，闻之甚芳香；一旦完全熟，其色为乳白，果肉柔而绵，香气极馥郁。姑不论为何，各有其爱好者。食味宽广的我，绝不独沽一味。

番石榴除供生食外，有人别出心裁，当作蔬菜煮食。又可制成果酱，清甘隽永美味，可以充作闲食。有的人生吃时爱蘸些配料，或梅粉，或盐花，或辣椒末，变化万千，不一而足。

关于番石榴的好处，《潮州药用植物志》上说："木仔，即番石榴，甘美可食，有健脾之效。"只是它的种子不易消化。宋人朱翌的《猗觉寮杂记》即云："岭南有果名桧子（广东人称番石榴为'番桧'），结肠胃，小儿多食则大便难。"看来光食其肉，绝对有益无害。

“圆仔惠”的芋头条

在日本的民间故事里，有一则“滚芋艿”，主要形容芋头的滑，写得生动有趣。话说某村的村民们，同赴村长家做客，因为不懂礼节，便请一位和尚亲临指导。和尚拍胸脯保证，大声地说：“一切照我的样子去做，准错不了。”村长所招待的饭菜中，有一道芋头汤。和尚夹食之际，由于拿捏不稳，掉落到垫席中间。和尚连忙伸筷去夹，但操之过急，无论如何也夹不住。这时候，有一村民出声提醒大家：“原来芋头要就地一滚才能吃，我们依样画葫芦，绝对错不了。”于是大家把芋头滚到垫席中间，随后跟着芋头转，搞得鸡飞狗跳，乱成一团。这个故事虽然夸张，却把芋头的黏滑描绘得淋漓尽致。

芋头的原产地在印度、马来西亚和中国南部等亚热带沼泽地区。它的传播路线主要有二：一路是随原始马来人的迁移，从菲律宾、印度尼西亚传到澳大利亚、新西兰等地；另一路则从印度传入埃及、地中海沿岸。中国为芋头的主产区之一，栽培面积居世界首位，主要分布于珠江流域和闽、台地区。早在公元前 200 年，便进行人工栽培。《史记·货殖列传》即谓："吾闻汶山之下，沃野，下有蹲鸱（芋头形状似蹲伏的鸱鸟，故有此别名），至死不饥。"并于南北朝时传入日本，号称"里芋"或"家芋"。

芋头的滋味平淡，故有清一代的大美食家李渔说："不可无物伴之，盖芋之本身无味，借他物以成其味者也。"因此，质地细软、易于消化、可充蔬菜也能代粮的芋头，在烹调运用时，应发挥它具有的滑、软、酥、糯之特点，最宜烧、煨、煮、烩，务使美味清香，黏嫩爽口。即便炒、烹、拌、蒸，其酥糯之特色，亦甚可口。因而成菜甜咸皆宜，入荤入素，雅俗共赏。

目前烹制芋头最简易的咸、甜烧法，分别为葱油芋艿与甜芋头。前者是将芋头买回后，先洗净蒸熟去皮，接着切成片或滚刀块（如为多籽芋则剖半），再用水冲一次，然后添葱花炒熟即成。后者则是于洗净蒸熟去皮后，将之切丁，加少量碱煮至八分热，捞出冲凉。临吃之际，再放些白糖煮片刻，撒以糖桂花，勾玻璃芡即可。

关于芋头的疗效，本草之书着墨甚多。如《日华子本草》

云:“调中补气。”又云:“主宽肠胃，丰肌肤。”《滇南本草》亦云:“治中气不足，久服补肝肾，添精益髓。”不过，以上所言者，乃具有小毒的生芋。此外，如捣碎敷于患处，尚有消炎、消肿、镇痛的效用。又，芋头所含的矿物质中，以氟的含量较高，不拘生熟，皆有洁齿、防龋及保护牙齿的作用。

在此需特别注意的是：芋头的黏液中含有皂角苷（即草酸钙，一名黏液皂素），能刺激皮肤导致发痒。所以，在削皮切片时，千万别让黏液碰触皮肤。一旦发现麻痒情形，可立刻用火烤，或以生姜捣汁轻轻擦拭，即能迅速解痒。如非必要，芋头最好不要生食，不然体质过敏者，会被刺激到喉咙，感觉挺不舒服。

位于台南的“圆仔惠”，在制作芋头时，所选用者为个头大、味香美、粉质好、不麻口的上好槟榔芋。成品呈浅紫色，形态美观大方，食之香甜滑糯，进口随即消融，实在别有风味。在不知不觉中，居然一食而尽，流连回味不已。

店家的芋头条，硕大华美讨喜，与地瓜条一般，一紫一黄，堪称双璧。既可独自享用，亦能在切块后，搭配其他品类，一起入冰碗中，细品慢啜其味，实为消暑隽品，令人一食忘俗。

宝岛月饼的今昔

品尝月饼赏明月，在秋风送爽之时，乃华人一大盛事。台湾真是个宝岛，既有本地月饼，又因大环境影响，祖国大陆各地的月饼，莫不聚集于斯土，再通过巧思妙手，经常有新品出现，这种独特的现象，放眼整个华人圈，堪称一时无两。虽有人独钟旧款，亦有人图个新鲜，还有人味兼两者，皆并行不悖。且从我个人经历，就此半个世纪以来台湾月饼之趋势，能道出其中的原委。

上小学时家住员林，当时所吃的月饼，几乎都是出自台中或彰化的，包装土里土气，望之不甚显眼，但都手工制作，料实馅美堪嚼，颇能耐人寻味。依稀记得主要的口味有菠萝、豆沙、莲蓉、卤肉等，甜咸纳一盒中，可以择好而噬，在幼小的心灵里，无疑是一大享受。就在这个时候，外婆家在嘉义，他们最常吃的月饼，则是“新台湾”制造的，包装讲究新颖，个头大，料精美，品类多，是台湾南部的名品。或许是吃多了，表哥、表妹们喜欢我家吃的“土”月饼，常向外婆提议，两者交换着吃，我们乐于从命，因而尝到许多的“新式”月饼。

随着年纪渐长，家已搬往台中，我经常侍父北上，眼界随之而开。此时所食月饼，变成家乡（我籍贯江苏）口味。而这种苏式月饼，最负盛名的，则是“采芝斋”，其次有“老大房”等。在我的印象当中，都是食“采芝斋”的。一般而言，苏式月饼糖多油重，层层酥皮相叠，荤、素、咸、甜俱有，而且各具特色。我个人偏爱椒盐、枣泥松仁的口味，至于价昂精致的“清水玫瑰月饼”，只有在中秋夜才能分享。此饼的内馅有糖渍的玫瑰花瓣、松子仁、瓜子仁、橘皮、猪肉等，入口馥郁浓香。此际搭配着上好香片，再嗑玫瑰瓜子，茗饼两臻绝胜，夹杂着瓜子的清甘，聊些故事助兴。而今此情此景此物不再，思之不胜唏嘘。

家居宜兰、基隆之时，除苏式月饼外，我也会换个花样，尝尝一些已在台湾落地生根的古早味。极常吃的两种，分别是大面饼及绿豆凸。前者制作特别，其馅有甜有咸，但尤特别的是，饼面有一红字，写着大大的“元”，如能得到此饼，表示“最大”“第一”。得到之法无他，掷骰子定输赢。后者浑圆而凸，其馅甜中带咸，而且素中有荤，最常吃的是“李鹄饼店”，后则改食“犁记”，两家都是百年老店，各有各的好味道。

20世纪六七十年代，广式的香港月饼来台，最先掀起潮流的，乃“马来西亚餐厅”所制作的。用铁盒盛装，内有四大块，其馅有豆沙、枣泥、五仁金腿、莲蓉等多种，凡是素馅之月饼，有全素亦有镶咸鸭蛋黄者，因其皮薄馅丰，同时油足味醰，大受消费者的欢迎，亦成伴手礼之上选。接着他家如“荣华”“美心”者，纷至沓来，苏式月饼遂不再吃香。不过，台式老月饼与广式的香港月饼，均再起变化，颇能发挥苏东坡所形容的“小饼如嚼月，中有酥与饴”的特色。而它们的共同点，则是原本不是主力月饼，后因口味转换等因素，加入月饼行列，因缘际会，也曾盛极一时。

此港式者，皆为茶楼点心。主要者有叉烧酥和皮蛋酥。二者全来自淡水的“金竹苑”，该店老板张志明，曾在广州学艺，起先扬名香港，后在台湾落脚。其叉烧酥之形状，与茶楼的半月形不同，乃浑圆之状，较老婆饼小。其馅固然绝美，所制作之层酥，尤其令人惊艳，非但不会掉渣，同时可达四五百层，市面上之凡品，得其十分之一，已是难能可贵。是以一经推出，立刻风靡台北，虽然歇业十年，仍令饕客涎垂，一再打听去向，恨不再得尤物，据饼望月大嚼。

比较起来，其皮蛋酥一如台湾之蛋黄酥，个头小了一号，制作更为繁复，其质精味美，只要尝过一口，或许终生难忘，惜乎已成广陵绝响，思之不觉怃然。

另，蛋黄酥（内馅为豆沙）及用层酥制作的芋头酥，渐成食客新宠，它们后来与潮州的老婆饼以及台中的太阳饼一样，纷纷在月饼市场中占有一席之地，堪称四大金刚。此时口味多元，渐成一种趋势。

在此之前，北方的月饼亦有不容撼动的地位。这种提浆月饼，饼皮酥爽耐放，即使不放冰箱，也可保证旬日不坏。永和老字号“仁记”，更擅制作及营销，专从军方着手，因而许多服兵役的,日后一想起提浆月饼,心中五味杂陈,难忘青涩岁月。

提浆月饼的馅儿不多，以豆沙、枣泥、莲蓉和八宝为主，有时佐以干果,甚至出现椒盐,只能算是偏锋。继“仁记”之后，“义聚东”兴起,两店均在永和,并为一时瑜亮。就我个人而言，尤爱品尝后者。另，店家的山东烧鸡和水饺同为佳品。在中秋夜当晚，先食烧鸡和水饺，接着尝提浆月饼，佐以高山乌龙茶。此一另类滋味，长留内心深处。

就在千禧年前，营养丰富及热量极高的传统月饼，实对人们的肠胃造成了不可承受之重。于是以养生为号召的月饼纷纷出笼，蔚然成一股潮流。而且在此之前，适逢“大选”，文创月饼应市，出现所谓的“三Q牌”，其馅分别是香菇、绿茶、素蛋黄，象征着IQ（智商）、EQ（情商）及CQ（领袖气质），让人莞尔一笑。然而，传统月饼的突破，竟然心思全花在饼皮的花样上，以及咸蛋黄由二黄变成四黄，徒然增加肠胃负担，可谓“倒行逆施”，结果不难想象。

再隔了一阵子，月饼这块市场，又起了新变化。正因其利甚溥，大饭店与大饼铺（如“郭元益”等）们竞出奇招，从形式到馅料，五花八门，众味纷呈，应有尽有。像冰激凌、巧克力、咖啡、鱼子酱、黑松露、干贝、蓝莓、夏威夷火山果等口味，“而今已觉不新鲜”，还有些奇怪组合，更令人瞠目结舌，简直无法想象。而在其包装上，亦“层”出不穷，甚至在一枚月饼外，竟包了十七层，吸引媒体报道，只为大发利市。

现在这股“创意”，似已渐趋平缓，毕竟奇想再多，除“目食”“耳餐”外，还是入口实际，要找到平衡点，非得从传统中铸新意，再由滋味里见真章不可。

关于此点，位于永和的“王师父饼铺”即有妙品。其由绿豆凸改良再加创意的“金月娘”，自二十年前推出后，曾经多次夺得金牌奖，至今仍十分抢手，自食送礼两相宜，即使在平日，亦甚受欢迎。可见好吃，料实在，价格也合情合理，是普世公认的价值。

当下生活富裕，各式各样的糕饼点心，早已是生活的一部分，中秋节赏月啖月饼，只能算是应个景儿，是以群起争利的大饼业者,想要再多分些羹,得专注于基本功。同时得换个想法，中秋夜不杀“鞑子”,而是止七情六欲。如此不仅发思古之幽情，或许可另辟新局，亦唯有如此，才能历万古而常新，共享团圆夜之欢愉。

古早冰品创新机

天气炎热，容易口干舌燥，为让身体降温，人们喜欢吃冰。然而，冰品这玩意儿，入口固然沁人心脾，感觉无比畅快，其实这只是暂时现象，非但不能解渴，反而在冰凉后，体温先降再升，甚至更加口渴。故就长期效果而言，吃太寒凉的冰品，非但“过犹不及”，且“欲速则不达”。是以想消暑清凉，前人自有其法门。这可从台湾南部早年盛极一时的爱玉冰和粉粿中，窥见其中之端倪。

我小时候就爱吃爱玉冰，价钱相当便宜，只要两三块钱，就有满满一碗，不论城市、乡下，冷饮店或小摊，均可见其踪迹，即使是在夜市，也是热门冰品。

而贩售爱玉冰的小贩，通常用个玻璃盒装盛，其盒内放个大冰块，冰块的中央，先刨些冰屑，堆积在盒旁，而冰凹下处，则放爱玉冻。当顾客来时，用勺挖一些，再掺些糖水，加一些碎冰，马上可享用，简单又方便，能舌底生津。

为广招徕，摊上会放置爱玉果子原形。其状似圆锥，顶儿尖尖的，底端圆圆的，像是土芒果，却奇丑无比，表皮棕褐色，呈现颗粒状。年幼无知时，我老是想不通，为何这些其貌不扬的籽籽，居然可以化腐朽为神奇，制作出如此浑圆滑腻、晶莹剔透、像玉石般美丽的爱玉冻来。

就如同玉石般，假玉通行已久，令人真伪莫辨，往往稍微不慎，就会买到假货。由于产量渐稀，加上手工繁复，真正的爱玉冻，早就不复以往，徒令知味识味者，扼腕唏嘘难自已。幸喜鉴赏力尚可，我一见到西贝货，马上掉头就走，不会受骗上当。

至于另一粉粿，早年只有一种口味，其色橙黄，其质软弹，具药香味。切成方块后，还颤巍巍的，既像是麻糬（类似北方的艾窝窝），又像是果冻，淋上黑糖浆汁，入口软柔且黏，似乎少了点劲儿，偏偏老人家爱，我亦不得其解，等到年事已高，才领略其奥妙，可见欲识此味，需有经验阅历。

过了一段时日，由于制作粉粿的黄槴子产量日渐稀少，遂改用黑糖做，其色相颇黝黑，其质地亦软弹，吃法大同小异，台湾南部极盛行。于是这对异姓同母兄弟，在此消彼长下，虽然同享盛名，却因媒体不断报道，后者声势甚壮，终于凌驾前者，其势锐不可当，人们往往只知其名。

在一偶然机会中，我居然能一次品享爱玉冰及粉粿，而且两者都很到位，食罢难忘其味。原来在一冬夜，同食友来宇德君在“新庄牛肉大王”品尝完其“牛全餐”，来君告以中和的四号公园旁，有一个名“福满溢”的店家，其剉冰极够水平，不但可以消火气，还能去腥腻之味，于是欣然前往。当时寒风阵阵，两人坐屋檐下，享用多料剉冰，别有一番滋味。黄老板与来君为旧识，问我们尚吃得下否。由于剉冰极佳，我们不假思索，齐声表示还行。他乃送上两碗爱玉冰及一碟粉粿。我只尝一口爱玉冰，立觉一股舒爽在心头，久已暌违如此佳味，岂能轻易放过，马上吃个精光。而那黄亮的粉粿，在白瓷盘内大放黄彩，仅仅是看着，就挺诱人啦！便一口接一口，来个风卷残云。黄老板见咱这等馋相，再端来一大盘黑糖粿，依旧好吃得紧，这个不须客气，一样空空如也。

黄老板是个有心人，日后又在爱玉冰内加些新鲜柠檬汁，亦用百年老厂“宝山”的黑糖，吊出甘香糖汁，其味因而益妙，充满层次之美，不拘寒冬盛暑，皆是过瘾上品。

除了精益求精外，黄老板亦重养生，在既有的基础上，另研发了新品，陆续以红曲、杏仁、抹茶，制作成红、白、绿三色之粿，与先前的黄、黑两种合成“五行粿”，不光五彩斑斓，产生悦目之色，同时依其性质，具有养生效果。是以一经推出，立刻风行草偃，为那古早之味注入了新生命，形成崭新风格，引领时代风骚。

这两样先民传承的佳味，已沉寂一时，幸喜香火不绝，而且发扬光大。尤拍案叫绝者，竟一次可遍尝，不必四处寻觅。起源于台湾南部，正汇集在新北市，此一时空的转换，可谓食林一奇。

神奇爱玉透心凉

其貌不扬的爱玉，风行台湾数百年，乃独有的土特产。产量虽日渐稀少，仍为人津津乐道。其超迷人的风采，我自年幼开始体会，直到逾不惑之年，才算领略其奥妙。时间虽晚了点儿，但“朝闻道，夕可死”，何况岁月还漫长，足够我细心品玩，享受那极致之味。

属桑科榕属的爱玉子，别名玉枳、枳子。长得挺像榕树，却无独立主干，反而像是藤蔓。其树干若分枝，它亦随之分枝，攀附在树伞下，独自开花结果。

产于崇山峻岭的爱玉子，主要分布于宜兰、嘉义、高雄和屏东的山区。人迹罕至，山高天寒，本就采摘不易，加上蛇毒蜂猛，致其难度更高，尤有甚者，一旦到手，还得迅速咬他一口，只要慢个半拍，嘴巴即被粘住，甚至无法启唇。其原因则无他，辨别雌雄而已。由于爱玉子雌雄异株，外观没有两样，全靠果实判断。雌籽色黄，雄籽色白。而白色的雄籽，根本洗不出冻，摘也是做白工。

爱玉子既如此难得，又如何成为尤物，进而能让人们受用？原来它是自然生成，说起来还有一段古。

据连横《雅言》一书的说法，在清道光年初，有一福建同安人，居住在台南，“每往来嘉义，办土宜。一日过后大埔（今曾文水库附近），天热渴甚，赴溪饮；见水面成冻，掬而啜之，冷沁心脾。自念此间暑，何得有冰？细视水上，树子错落，揉之有浆，以为此物化之也。拾而归家，子细如黍，以水绞之，顷刻成冻，和糖可食；或和孩儿茶（一种红茶）少许，则色如玛瑙。某有女曰爱玉，年十五；长日无事，出冻以卖，人遂呼为‘爱玉冻’”。

有名林南强者，赋诗以记其事，其诗甚长，略之如下：“驱车六月罗山曲，一饮琼浆濯炎酷。食瓜征事问当年，物以人传名‘爱玉’。爱玉盈盈信可人，终朝采绿不嫌贫。……无端拾得仙方巧，拟炼金膏涤烦恼。……谁将天女清凉散，一化吴娘琥珀瓯！”描绘传神，允为佳作。

关于这种不食人间烟火气的爱玉冻，该书另写道：“为台南特产，夏时用之，可抵饮冰。”只是标题却是“嘉义爱玉冻”，令人有点丈二金刚——摸不着头脑。原来当时发现的地点在嘉义曾文溪上游的山区，且长久以来，一直以嘉义县的吴凤乡为集散地，有以致之。

早年倾销全台的爱玉，亦曾漂洋过海，输往福建、广东及东南亚各地。后来野生种有限，开始人工种植，仍难敷市场需求。有人突发奇想，以进口的海草粉替代，其口感较脆硬，一如那仙草块，而且较耐久放，居然大为流行，今胜本尊多矣。

洗爱玉冻得靠本事，高明者始能使之莹洁如玉，柔腻软滑透亮。但有人贪图卖相，起先是加黄栀，尚有可取之处，现则加食品用“金黄色三号”色素，望之虽挺亮丽，但是不敢领教。

爱玉冻味甘淡，性平，有退火、去热、软坚之功，且对降血压和血浊有一些疗效。我极爱中和四号公园旁“福满溢”的爱玉冻，几乎每去必尝。其味淡而不薄，其质细而滑顺，而且必用野生，放眼当下台湾，实在难能可贵。

除夕大餐在台湾

台湾的年夜饭，随着经济改善，以及创意多元，越发五彩缤纷，让人目不暇给。然而，万变不离其宗，即使外出用餐，有些仍不可少，且先说必备的，再谈一些花样，而且今古穿插，既保持其现状，又兴思古幽情，除大快朵颐外，平添盎然食趣。

一般而言，台湾的高山族，以闽南人和客家人为主。他们于除夕时，饭桌所供应者，差别基本不大，皆寓特别含义，图有个好口味。

为了准备这顿大餐，事前工作必不可少。办年货自然是首要之务。清人顾禄在《清嘉录》中就写着:“年夜已来，市肆贩置南北杂货，备居民岁晚人事之需。”例如熟食铺即“豚蹄、鸡、鸭，较常货买有加”;而街坊上，则“鲜鱼、果蔬诸品不绝”。这段时间，通常在农历十二月二十五日至除夕当天。与此同时，炊粿和煮长年菜亦交互进行着。

所谓炊粿即蒸年糕。其品目主要为甜粿、发粿及菜头粿。前者以糯米制作，后二者则用在来米（即籼米，因口感较硬，一般用来制作糕点），均可在年夜饭之前后或进行时受用。甜粿可蒸可煎可炸，考究点的人家，食来颇费功夫，会一片片包上咸菜而食，食来别有风味。

菜头粿乃萝卜糕。菜头谐音彩头，寓好彩头之意。至于发粿，以其蒸熟后会膨胀而得名，意谓会发财，旨在讨个吉利。此二味一咸一甜，不论是蒸、煎或炸，滋味皆引人入胜。

而除夕的前一夜，会将整株的芥菜以清水煮食，称“长年菜”或“来年菜”。它在料理时，不去其头尾，寓有头有尾之意，同时不会细切，才能绵延不绝。

大年夜的重头戏，一定是家人聚食的“围炉”了。以往为桌下置一烧木炭的火炉，现则以火锅、砂锅取代。此围炉不但象征全家人和乐圆满，而且可以驱寒，一家老小在氤氲的氛围中，热乎乎地进食，充分感受幸福。

这顿饭必须吃得越慢越好，因为这样才能长长久久。至于桌面上的菜肴，大都寓有种种含义。比方说，全鸡取鸡、家谐音，意即食鸡起家；韭菜与久同音，自有长久之意；萝卜发音菜头，意谓好彩头；备有鱼圆、虾圆、肉圆，就是所谓的“三元”，表示阖府团圆；多食熏、炸食物，因用火熏、炸过，象征家运兴旺；而吃蒸制菜肴，由于取火蒸食，表示着蒸蒸日上，自在情理之中了。

近七十年来，台湾的年夜饭，因大量外省人带来其家乡的习俗，益发多元活泼，名堂还真不少。其著者，有又称“如意菜”的炒什锦；谐音“都福”的豆腐；吃鱼得“连年有余”；食“腐乳肉”才能得“福禄”。而接受度最高的，则是吃饺子。既寓有“更岁交子”之意，代表着从此之后，一元复始，万象更新；又因其形状有如元宝，希望大家吃了之后，可以招财进宝。经此文化交融，就更有年味了。

台湾是个海岛，渔货供应十足，各种海味料理，皆成席上之珍，这顿除夕大餐，海鲜渐成主流。凡乌鱼子、鲜带、花胶、鲍鱼、刺参等，无不一一入馔。当下则不拘贫富贵贱，年夜菜必备的一道，乃来自福州的“佛跳墙”。此菜本名“福寿全”，阔绰些的人家，一瓮而尽有鸡鸭鱼肉，甚至包含参翅鲍肚，可谓包罗万象，但它有个好处，可以丰俭由人，任随己意下料，只有一物必备，那就是炸芋头，取其“遇头”吉兆。同时，它还有个别名，叫作“一团和气”。年夜饭而食此，大家其乐融融，保证皆大欢喜。

雅士云集炼珍堂

早在十余年前，余秋雨莅台演讲，通过焦桐的安排，我们同隐地、陈力荣在“上海极品轩餐厅”用餐，雅室小而佳肴精，吃的又是地道本邦菜，在觥筹交错下，自然宾主尽欢而散，留下深刻印象。

经过这次小聚后，我构思已久的计划，再度浮现脑海，于是向店东陈力荣提出。陈氏舞刀弄铲之余，不忘书法文事，有“儒厨”之称。听了我的建议，他手舞足蹈，乐于从命。从此台北出现了“虽非调和鼎鼐事，却是当炉文雅人”的顶级所在，富商巨贾竞奔其间，文人雅士亦常雅集于此，用餐之余，兼看刀火超群的陈氏淋漓尽致的演出，实为人生一大乐事。

此一“室雅何须大”的饮食文化工作室，陈氏请我命名，我觉得“真金不怕火炼”，遂仿段文昌“炼珍堂”故事，取名“炼珍堂”。希望他在昌大饮食文化内涵之余，亦能自娱娱人。

原来“尤精馔事”的段文昌，曾在唐穆宗时，以宰相衔出镇巴蜀，所编《食经》五十卷，盛极一时。而段府的厨房，即名“炼珍堂”，由一位名叫膳祖的不嫁老婢主理，前后长达四十年之久，经她调教出来的厨娘，前后达一百个，“独九婢可嗣法”。就此视之，烧菜一级棒的膳祖，不仅手艺过人，而且能教出高徒。而今能“以天厨之技，融合南北之味”的陈力荣，其巧手妙烹，早已名闻遐迩，很多文士名媛，甘愿拜师学艺。看来不管是用火炼，还是以金锻炼，堪称今古辉映，允为食林盛事。

又，本堂主人陈力荣在研发新菜之余，亦常邀文人雅会其间，我就曾和柏杨、张香华、詹宏志、王宣一、李涛、李艳秋、平鑫涛、焦桐、李昂、吴淡如、许悔之、涂玉云、王泽、叶毓兰、郜莹、白先勇和陈郁秀等人酬酢其间，于品享旨酒佳肴外，更天南地北闲聊，激迸出智慧火花，确为文坛增色，也为食界大放异彩。

精致典雅的装潢，是这里除了饮馔之外的另一特色。其造型则由中式而超现代，而东西兼容并蓄，让人置身其间，顿觉通体舒泰。记得有回力荣推出“红楼梦宴”时，在超现代的空间内，旁置一张长方形的木桌，两侧悬着宫灯，桌上放着文房四宝。他坚持要我书写本宴之菜单，我久未握管，因却之不恭，遂提笔在大红纸上写了一半，另一半请他续毕，然后张挂于餐桌之侧。古今时空交错，这感觉挺另类的，墨汁淋漓，能助食兴。

陈氏除原有的绝活之外，开发得最成功的，首推“大千宴”与“红楼梦宴”。纵使有人主张这两者皆是家常菜色，不能成为宴席，但其运用之妙，本就存乎一心。在淮扬一带，早已推出甚多“红楼梦宴”，食友周昭翡也尝了不少，搜罗甚多菜单。然而，踵事增华有余，刀章火候不足，而且重油厚味，全无富贵气象，很像个大杂烩，感觉是凑数儿，有点不伦不类。力荣是否有读《红楼梦》，我不得而知，仅知他由秦一民编著的《红楼梦饮食谱》及陈诏的《红楼梦饮食文化》入手，经钻研，使菜肴有所本，故食味盎然，非庸手可比。

其中，最惊艳的是茄鲞，此味“庚辰本”和“戚蓼生本”皆载，但其中做法，因版本有别，内容亦大异。但不论是何版本，都是配料凌驾在主料之上，难怪刘姥姥听了，摇头吐舌道：“我的佛祖，到得十几只鸡儿来配他，怪道好吃。”

此外，台湾虽有一些餐厅演绎大千菜，却从未有一家敢制作“大千宴”。力荣广访勤搜，我亦从旁协助，找到大千先生亲书的菜单复印件，内容共有五份，接着撷英取华，自铸新意，组成了广获好评的“大千宴”。而其前菜之一的“六一丝”，特别有意思。

“六一丝”起源自张大千于六十一岁之年赴东京开画展时，正值生日。“四川饭店”的老板陈建民，原本是其家厨，为替老东翁祝寿，食材特地用六素一荤，每样皆切成细丝，再一起拌炒而成。此菜清脆爽口，极得大千欢心。日后其家宴时，便取此以为法，食材虽有更动，风味殊无二致。他亦变更招式，别出心裁，搞出个“六一汤”。此菜重刀工，火候尤须注意，非得刀火功高，否则软硬不谐，失其爽脆糯嫩，将涩口而难食。力荣深得此中旨趣，信手拈来，食材即令不同，皆以妙品呈现。

而今在炼珍堂用餐，只要机缘凑巧，这两道有口皆碑的菜色，或许有望一膏馋吻哩！

文人相轻，自古而然，但座中客在酒酣耳热、逸兴遄飞之际，免不了放言高论，抒发独见。像以“食界无口不夸谭”著称的“谭家菜”，其在宴客时，主人只约请八位来宾，如果座中均非俗客，店东谭瑑青也会欣然陪同。要是座中熟人（指收藏家藏园老人、医界息园老人、画家白石老人以及好诗赋的缀玉轩主、浣花居士等）多，大家杯盘狼藉之余，就会“各出所携，或一部宋元椠本，或一卷唐、祝妙墨，互相观赏，互相鉴定，这就不只是口腹之欲，而是充满交融学问和艺术的文化气氛了”。

其实，炼珍堂成立的初衷之一，便已包含此种心知肚明、心口合一的盛会。是以生性诙谐、妙语如珠的力荣，盼能于酒食之外，多增加些文艺氛围。如此，文人雅会于此，或将出现百世流芳的作品，或冒出喧腾一时的高论，足供后人玩味再三，沉浸其中氛围，久久不能自已。

餐饮大爱满人间

据报载，在台北万华卖了三十年刈包、人称“刈包吉”的廖荣吉，早在 1987 年时，即每年自掏腰包，在小年夜当天，请街友们吃饭。最初只有五桌，经过二十余年，街友愈来愈多，在小龙年到来前，接连四天，每天供应四餐，席开近九百桌。街友大排长龙，盼能大快朵颐。里里外外，聚集人潮，有声有色，成为街头一景。

为了供应饭菜无虞，工作人员都忙翻了，绝对不能偷工减料，菜肴保证新鲜堪食。由于热心人士赞助，廖荣吉首创的街头宴，遂能秉持初衷，一路办下来。其菜色包括茶鹅、鲜鱼、猪脚、人参鸡及无限供应的爱心面等。

无独有偶，慈善供餐之举，史不绝书。其中最有名的，首推初名“王饭儿”、现名“王润兴”的门板饭。

所谓门板饭，是店家将卸下的门板，拼搭成长形条案，上置肴馔，均盛在大号陶盆中，计有七八味，一字排开。门板外侧则有数排长板凳，每列可供七八个人同时用餐。

楼下的店堂内，一口大三眼灶，其锅有二：一是饭，白饭堆如小丘，呈塔状；一是大杂烩，凡猪之下脚料、鸡鸭头爪、笋之老根、肉之骨架，均为锅中常见之品，再佐以青菜、萝卜、豆腐、油渣……可谓包罗万象，荤素皆具，随锅翻腾，氤氲满屋，浓香四溢，诱引行人，每为驻足。但此锅中物，专供长凳食客享受；楼上雅座食客，所食不同，等级分明。若问门板饭之价钱，则十分便宜，每勺铜元三枚，盆中之肴亦然，饭每碗如前数。而要吃这种饭，亦有特别门道，不能立即举筷，须先以口就饭，吃掉饭之塔尖，接着倾下菜肴，没这么做的话，必然狼藉满身，后果不堪设想。

而吃门板饭的，皆为引车卖浆、贩夫走卒之流。想饱餐一顿，以 20 世纪 30 年代初期的物价，有两角钱就绰绰有余了，离座之际，照样油光沾嘴，抹而后行。据说红顶商人胡雪岩当钱庄小伙计及日后落魄之时，亦板凳上之常客。

楼上客则不然，尽为衣冠之人，那时称“长衫帮”。他们所享用的，都是店内脍炙人口的大菜，像木郎（大鱼头）砂锅豆腐、青笋土步鱼、生爆鲜片、清炒虾仁、乳汁鲫鱼汤、红焖圆菜（甲鱼）、盐件儿（蒸家乡肉，今谓排南）及蜜汁火方等。虽皆图个一饱，楼上下大不同，相去不啻天壤。

门板饭毕竟是做生意，即使寓有善心，终不若街头宴，人人皆平等，所食无差别。只是街头宴一年仅一次，门板饭则随时供应。造福方式有别，却都大爱满人间，让人景仰无限。

"将军菜"令人难忘

半路出家的张北和，开设"将军牛肉大王"，人称他为"将军"，擅长出奇制胜，好到出人意表，其"化腐朽为神奇"的本事，尤令人赞叹不止。美食名家如唐鲁孙、夏元瑜、逯耀东等，均给予过极高评价。童至璋更说得贴切，指出："他曾获多次金厨奖职业烹饪比赛冠军，得奖各菜，都有所创发，为评审者所重。如下列各菜：（一）蒸虱目鱼头（今已正名为"头头是道"），小巧玲珑，味鲜而正，排盘成型，美不胜收。（二）鸡腹内藏山珍海味，汤少味浓，口齿留芳。（三）牛尾只用最末一段，清蒸使化，伴以莲仁，勾以薄汤，牛尾已融而段段独立，发抒性格，格调甚高。（四）牛筋呈五爪金龙状（得之不易），条理井然，具见刀工，筋烂而不散，触感生动，口味醇厚。……获1983、1984、1987、1989年金厨奖，各有名称，各有风味，为知味者所重。”童老更进一步将他与黄敬临并论，其推重可知。

黄敬临何许人也？他是四川黄派菜的始祖，曾在光禄寺任职三载，安排慈禧太后的“御馔”。民国时期，他当过数任县长，后罢官归家，在成都创办“姑姑筵酒家”，佳肴享誉西南，盛名近一个世纪，至今仍不衰歇。有回乔迁新址，自撰新联自况，联云：“提起菜刀，拿起锅铲，自命锅边镇守使；碗有佳肴，壶有美酒，休嫌路隔通惠门。”在谦逊之词中，不失大家风范，得意自豪俱见，确为一副好联。

我的口福不浅，张氏的得奖菜，无不品尝数次。且吃到不少罕为人知的珍馐，如“将军戏凤”（乃“千里婵娟”中的精品）、“霸王别姬”（霸王指项羽，别姬即鳖鸡）、“盐水羊头”、“熏炖牛鞭”、“蒸羊春子”、“卤牛小排”、“海陆清供”（乃蒸羊头、卤羊肝、卤牛舌、松子虾、鲈鱼肚、鳝鱼丝六味）、“虫草鸠鸟”、“鲍鱼之肆”、“臭鳜二做”、“党参唇翅汤”、“淫羊藿炖鳗”、“虫草卤鸠脯”、“巴结天鼠”、“百鸟朝凤”等，数量之多，不胜枚举。

然而，这些美味或因缘际会，或特地制作，一般人根本无从品享其一二，写来简直吊人胃口。因此，特在此介绍几个美味，虽已非其亲炙，但绝非凡品可比。

首先推荐的是“九转肥肠”。此菜系清光绪年间，由山东省城济南的“九华楼”最先创制。该店主人姓杜，平日讲究饮馔，以烹制猪下货（即内脏）名噪一时。其中，又以红烧大肠最为拿手，广受食客欢迎。

这杜老板有“九”字癖，店开九家，均冠九字。某日，一些骚人墨客在“九华楼”小聚，对“红烧大肠”赞不绝口，唯嫌其名不雅，乃从店主喜好设想，命名“九转肥肠”，既满足店主人喜九之癖，又盛夸厨子的精湛手艺一如道士烧炼“九转丹”一样细致。结果宾主尽欢，传为食林美谈。

此菜先煮再炸后卤，妙在下料狠、用料全，成品五味俱备，色泽红润透亮，令人胃口大开。张氏则稍改旧法，在大肠内套以小肠，取其口味繁复，胜在富咀嚼感。料理好后，俟凉下刀，呈干贝状，环列盘中，很有看头。配料有三，分别是嫩姜丝、芫荽叶及XO酱。于享用时，或取其一，或取其二，或取其三，悉听尊便，都很好吃。口味较重之人，应来个大三元，才能尽窥其妙。以此佐店家之虫草酒或仙楂茶，更觉软嫩不腻，堪称相得益彰。

此外，鲜嫩细腴的“水铺牛肉”、味醰柔滑的“葱煎牛肉”、传统美味的牛肉面、香逸爽口的泡菜、料实够味的牛羊肉水饺及各式小菜等，均有其独到处，千万别错过了。

走访金门趣无穷

金门，旧称浯洲，孤悬海外，文风鼎盛，因“金门炮战”而扬名。这个蕞尔小岛（包括金门岛、小金门岛及大担岛、二担岛等），本是战略要塞及兵家必争之地，而今时移势异，已成海上公园和两岸率先通路，引来不可忽视的商机。究竟它有何神秘面纱，且为诸君娓娓道来。

由于金门原为“反攻”的跳板、固守台澎的前哨基地，加上金门登陆战及“金门炮战”等战事，驻军一度达十五万人，故碉堡坑道独多，几乎遍布全岛。有回我们一行人，参观了翟山坑道、四维坑道、塔后坑道、陈坑地下坑道及三角堡等，既体验了兵士的生活，且对战地的文化留下深刻而鲜明的印象，仿佛时空交错，又回到了从前。

越过水草丰美、清静平坦的古岗湖区，位于湖东南方翟山之腹的翟山坑道，便跃入眼帘。这是个战备坑道，可由地下通往海面，其主体系开凿花岗岩而成，分成坑道及水道两部分，于1961年开挖，迄1966年完工，内可容纳小艇四十二艘驻泊。原先为防炮战再起，确保军需无虞，才着手凿建，历六年而成。只是后来局势稳定，一直备而不用，遂在金门公园规划下，成为观光景点。一进入坑道，路宽广平直，可容纳两部军车对开；及至水道，幽邃而阔，水平如镜，岩壁倒映，耸峙雄壮，观望之余，讶异不止，实难以想象当时投入的人力、物力竟至于斯。

屹立于小金门东南方四维与九宫之间的山岬海岸坑道，昔称九宫山坑道，今名四维坑道，系穿凿花岗石礁岩而成。它一方面是防御金烈水道的重要据点，另一方面则是小艇地下坑道的天然掩体，乃一“双丁”字形建构，计有四个出海口，五路地下坑道连接码头，整体规模较翟山坑道大一倍有余，其背景亦与翟山坑道同，从未正式启用，亦是观光重点。其深邃而长、曲径通幽、水深平阔，更在翟山之上。

陈坑乃成功的本名，此处的地下坑道，原系民间凿成，可与军用坑道连接，互通声气。它位于料罗湾附近，上有防御工事，旁侧有雷区，眺望海域，景观甚佳。此坑道曲折旋转，四通八达，虽较简陋，却颇管用，置身其中，战地气息顿生，抚今追昔，不胜唏嘘。

塔后坑道原是个广播电台，当时心战重于实战，电台的重要性不言而喻。此坑道虽已废弃多时，保存大致良好，其宽敞及通风，较诸一般坑道，那可是好多了。由于年久失修，三重大门锈蚀，现已不堪使用。如果好好规划，俟丹垩一新后，倒可以别开生面，另辟新局。

位于古宁头慈湖附近的三角堡，是个保存完好的军事碉堡，周遭雷区、琼麻交错，别有洞天，视野极佳，易守难攻，登高远眺，海山尽收眼底，如能在此享受一杯咖啡，应是莫大享受。

前金门县长李炷烽，校长出身，热心文艺，不落人后，前已在陈坑地下坑道举办坑道摄影展，又找来文艺界人士，在三角堡举行“雷与蕾的交叉”文艺展。据说他打算在大儒朱熹讲学的古区，重建燕南书院，俾振兴文运，将功在士林。

看完了碉堡坑道，风好水悠、厝美楼高的传统聚落，亦是观赏建筑的紧要所在。我每回必去者，一为山后民俗文化村，另一为金城水头的古厝。前后辉映，美不胜收。

谚云：“有山后富，无山后厝。”这里的十八栋闽南古厝，连厝成村。计有二落大厝十六栋、三落乡塾和二落宗祠各一栋，一共兴建了二十五年，才全部完工。其主要的特色为依山向海，棋盘式整齐排列，全景优美壮观外，各建筑物中的泉州白砌墙、交趾陶壁饰、斗拱雕琢、横向隘门等，都有值得细观处。信步赏玩，置身其中，将发现已入宝山之内，风情万种，耐人寻味。

水头是个以黄姓为主的多姓村落，其古厝的精华，当以酉堂别业和黄厝顶十八支梁为代表。前者曾为私塾场所，亦曾是报社旧址，流露书香气息；后者则是当下金门最早的集体计划性建筑物，石基砖墙的两落大厝，呈梳式布局。至于其整体特色，乃门墙低矮、屋宇轩敞，建造的风格，则素朴中带豪迈，不落俗套，很有味道。此外，“近水楼台先得月”的得月楼、多彩多样的古洋楼、状甚朴实典雅的金水小学等，都是殊堪玩味的所在。而今，此地已多处改成民宿，像我数次寄寓的“黄百万书斋”，即是其一。早上坐在三合院前的小院板凳上吃蚵仔粥、面线糊，搭配者为闽式烧饼、油条、咸粿炸等，真是莫大享受。是以我日后每到金门，必宿水头，前后达十次以上，流连忘返，乐在其中。

既来到金门，不尝尝当地的肴点及带些伴手礼返家，那就枉走宝山一遭啦！这儿所介绍的一些佳肴名点，即使不是其中的佼佼者，也庶几近之了。

金门的传统美食，当以蚝煎、炒沙虫、芋羼肉、燕菜、蒸冬江蟹和春卷等，最具代表性。另，经引进已在当地落户的美味，应以大汤黄鱼、蒜仔肉与广东粥等，最有口碑。

蚝煎原本是福建漳州的风味吃食。在金门，潮州菜亦有其踪迹。只是台湾本岛的烧法较另类，勾芡用太白粉，另添茼蒿或小白菜等。但金门的，必用手工制的地瓜粉，里面只有鸡蛋、葱花，煎后摊平成大块，外酥内软，香气浓郁，柔软可口，以带有镬气及焦香味者为上品。准此以观，"联泰餐厅"所制作者，允称上品，其名菜尚有蚵卷、红糟花枝、八宝鸡、蒸鲳鱼、鱼鲞白玉汤、香茄肥肠、花生芥菜、红豆酥角等，值得前往一试。

炒沙虫一名"炒海龙"或"炒三快"，是金门海味中的奇葩，不尝可惜。此沙虫原名沙蚕，长可五六寸，无首无目无皮无骨，状似蚯蚓，肥软蠕动，但其色洁白，呈半透明状，一般是用豆芽、豆豉、金针、红椒丝等快炒，趁热快食，爽脆甘鲜，细滑带嫩，微有咬劲儿。先前我所吃过的，以"信源海产店"所烧者，最具火候功夫。此外，店家的炒佛手（贝）、炒风螺、炒海瓜子、蚝煎、蛋炒蛋等，全都非比等闲，大快朵颐一番，必知吾言不谬。

"芋羼肉"即芋头红烧肉，当地人美其名曰"芋恋肉"或"黑人肉"，应是讹音或谐音之故。由于小金门所产的槟榔芋及带柄小芋的品质特佳，每成抢手货，故餐厅得此上品，必全力烹制，成传统佳肴。一般而言，此芋皆切成块状，肉常用五花肉红烧切片，再夹刈包而食。"小明餐饮中心"所制作者，甚饶古意。又，店内的蚝煎、酥炸排骨、回锅肉、蟹炒冬粉、猪脚汤、笋烧蹄髈和蒸嘉腊鱼等，皆有可观之处。

又，金门的“燕菜”，风味和手法与兰阳的古菜“西鲁肉”相近，早年以菜尾制作，后改用余料烧成。此菜甚重刀工，多料（笋、肉、香菇等）用刀缕切，融众味于一锅，算是个什锦菜，早年是喜宴办桌的第二道大菜。其制作时，勾玻璃芡，色晶亮而莹洁，加上各料争奇斗艳，好似花团锦簇。“联泰餐厅”所精心烧的，尤佳。以匙就口，触感特妙，爽腴兼备。

蒸冬江蟹亦是一道珍馐。此蟹原名和乐蟹，肉介于蠘、蟳之间，肥硕膏腴，清甘细腻，兼而有之，以冬至前后一周捕获者最佳。当地偏好在清蒸后，剖半罗列堆积，亮丽夺目，蘸姜汁而食，味尤鲜美，充分挑逗味蕾。一般而言，只要蟹选得够赞，必鲜嫩适口，腴糯细密，令人涎垂。

春卷乃冬至及清明时节金门人必食之品，另称“七饼”，古称“春盘”，乃台湾小吃中的润饼。然而，金门的七饼，并不以七种为限，一般用豌豆苗、芹菜、蒜苗、菜球、香菇、豆腐干、笋及红萝卜等，以时鲜为主，但所费无多，餐馆内罕售。诸君前往金门之时，如获邀而得以大啖春卷，则更不虚此行矣。

在历史的洪流中，只要交汇，必留痕迹，饮食亦不例外。当年的官兵，不乏手艺高超之人，在他们的传承下，自然留下一些因时因地因人制宜的菜色。像浙江的大汤黄鱼、四川的回锅肉、广东的粥品，便是在此落地生根，再成其家常菜、宴席菜或点心的一部分，深入人心，成为常馔。比较特别的是由川式回锅肉改成的“蒜仔肉”，此菜本来一则是用青蒜切片，后为迎合习俗，易为蒜瓣；二则是本用豆瓣酱，亦改变成例，另换成酱油。滋味虽然有别，但也从中看出饮食变迁的人文背景，实在有意思。

而在所有饮食类的伴手礼中，最受人欢迎的，莫过于高粱酒、面线和贡糖这三样。高粱酒大名鼎鼎，不消多说，在此且就后二者述说，供君参考。

面线自古即为福建的传统风味名食。原名线面，制作精细，有“巧夺天工”之誉。北宋诗人黄庭坚（一说为苏轼）在路过土山寨时，曾品尝其滋味，赋诗以记其感，内有“汤饼一杯银线乱，蒌蒿数箸玉簪横”之句。金门的马家面线，传承自厦门，是个三代经营的百年老店，其在开发新品上十分用心，除原味外，另有多个品种，可煮可炒可拌，食用相当方便。又，在拌食时，自以店家研发的“马家酱”（其口味有八种）为首选。食味多变，丰富多彩，真个是自用送礼两相宜，难怪门庭若市，顾客络绎不绝。

金门的贡糖，是用花生制作的点心，早年乃名流士绅的甜点，常于吃早点时，搭配油条而食，故有“红烟番仔火，贡糖油炸果”之谚，以金门岛的“名记贡糖厂”最早普及化生产。

不过，若论其滋味，我独钟爱位于小金门西路上、八达楼子旁之“金瑞成贡糖厂”所生产的竹叶贡糖。

竹叶贡糖做工细致，糖酥而松，入口即化，其绵延不尽的滋味，令人好生难忘。又，店家的口酥亦是远近驰名之品，口味有芋头和桂花两种，入口而酥，名实相副。此外，其综合贡糖亦推陈出新，口味多元，现有咖啡、盐酥、海苔、千层、辣味、蒜味及软玉等滋味，玩味其中，甚饶别趣。

俗语说:“麻雀虽小,五脏俱全。”金门不大,可观之处却多,即使走马看花，亦需多日时光。阁下趁早计划，来个三天两夜，自由自在而行，岂不惬意?

金酒共尝天一色

只要提到高粱酒，在不少人的心目中，必以金门的为最，早已成第一品牌。而其最大的特色，就是如保存得其法，放得越久越好喝，是以陈高之昂贵，更胜那洛阳之纸，一旦能品其美味，口惠心怡齐升腾，视之为莫大享受。

我和金酒结缘甚早，已将近四十寒暑，肇端于服役。部队驻扎中山林，其林极为优美，每当“众鸟高飞尽”，晚点名结束之后，同袍们劳累一天，即取高粱酒小酌，因明天尚有任务，众人皆浅尝辄止。只有等到休假时，不必一起吃晚饭，遂与志同道合的，弄些卤味以下酒。此际“落霞与孤鹜齐飞”，我们自斟自饮自快活，但觉天地之悠悠。夜幕已缓缓落下，其间之喜怒哀乐，至今仍难以忘怀。由于皆慢饮品味，虽酒量酒胆俱全，却爱研究其奥秘。以后则因缘际会，遍饮神州佳酿近千种，又对饮馔之道下功夫，遂先后完成《醉爱》及《痴酒——顶级中国酒品鉴》二者。两书加起来超过三十万字，总算是略有小成。

其时，李炷烽先生担任金门县县长，与我契合交厚，经其邀请及趁公出之便，在短短七年内，我拜访金门二十余回。每次他都赠我上好的高粱酒数瓶，且出自宝月泉酿制，惠我良多，受之有愧。当我将《痴酒》一书的繁、简字体版（两岸同步发行）请他指正后，他一口气读完，笑着对我说："何以独缺金门高粱酒？"我告以金门高粱酒可写处颇多，非书中每种酒八百到两千字内所能道尽。他听罢兴致勃勃，表示："就请你写本有关金酒的书，可以吗？"

在他的力邀下，盛情难却，我开始搜集资料，准备网罗逸闻，撰写金酒著作。同事某君，其父亲刚好是胡琏将军派往香港购办酿酒机器之军官，当任务完成时，顺道将他们一家数口从调景岭携回安置，事为胡琏知悉，以其公私不分，勒令提早退伍，举家迁往北投。当他读初中时，英文老师正巧为叶华成。而叶氏于金门高粱酒的酿造，扮演了关键角色。听他侃侃而谈，浮现前尘往事，随即笔录记下。希望拾遗补阙，增益金酒历史。

撰史诚非易事，于博采旧闻外，还得实地考察，并且考据求证。金酒一、二两厂，以及贮酒坑道，甚至酿酒措施，我皆多次往勘，增长不少见识。唯独史乘方面，纵阅大量资料，但颇多未解处，需向行家请益。文友许水富告以对金酒最熟稔其沿革、酿制等的，莫过于董事长李荣文，如向他请教，必有帮助。无奈李董乡话较浓，又怕扰其公务，电话求教两回，未再造次，加上公务缠身，遂负李君厚意，一直引为憾事。

我退休之后，闲暇甚多，拜访酒厂，见闻益广，曾赴洛阳杜康、山东青岛等酒厂，但仍悬念金门。曾与总经理吴秋穆会谈，也曾聊及有关金酒之著作，但因公司无此规划，从此束之高阁，不了了之。不过，四川水井坊、山东景芝、贵州董酒等公司均已提出邀请，我将一一去探究，并撰文阐述其妙，使美酒与美食合一，领略全面而深入。

金酒设厂至今，已超过一甲子，其品类之繁多、包装之精美、酒质之优良，早已深入人心，成馈赠之无上妙品。然而，它的产量、产值，皆已近于鼎盛，想要持盈保泰，首在维持酒质。唯有保证质量，才能一枝独秀，拓展更大版图，创造璀璨未来。

金门真是奇特，本为“反攻”跳板，现成战地公园。由穷乡僻壤里，种植成片高粱，酿出款款珍酿，成为绝世酒乡。尤值得一提的是，文风始终丕盛，成就一代事业。我能躬逢其盛，实在三生有幸。细读其宏文，篇篇精彩可诵，而且字字珠玑，仿佛时光倒流，回味无穷无尽。金酒经此加持，必然更上一层楼，其势之猛之烈，沛然莫之能御。

腹大能容

稻熟江村蟹正肥雙螯如戟
挺青泥若教紙上翻身看應
見團〻董卓臍
丁未九秋寫徐天池詩意
西亭八十四老人楊晉

葱烧海参称上品

祖籍山东、长于北平、撰写食经多本的刘枋女士，在其《吃的艺术》一书中，提到她曾闹个笑话，话说她“对烹调尚未入门的多少年前，家中有别人送的海参一包，一次客来，为了表示敬意，特加葱烧海参一碗。倒还也将海参洗了洗，先以清水煮了一个多小时，随即就起油锅，爆炒了大葱段，放以海参，加味素、酱油等煮起来，谁知上桌后，海参韧硬似干牛皮，简直不能入口”。

北京市的“丰泽园饭庄”，原本经营山东风味的济南菜，选料精细，讲究用汤。1946 年后，又加入以烹制海鲜见长的胶东菜。店家为了适应北京人的口味，在起先传统鲁菜的基础上，于食材的使用，特别是制作方法上，做了重大改进，其风味和特色，已与原师承的山东两大流派，有着显著差异。其中，最明显的一道菜，便是葱烧海参。

此菜始于山东，原用碗盛，汁大芡多，葱香不显，经“全国十大名厨”之一的王世珍和其高徒王义均改进后，观之油光润泽，嗅之葱香浓郁，食之柔软滑嫩，而且食无余汁，得到行家们的一致好评。从此，北京的一些山东风味餐馆，无不改用其法，进而变成地道的“北京”名菜。由于口味极棒，流风所及，竟使当下中国北方大部分地区的餐馆，四季都有供应，写下当今中国餐饮史上颇具传奇的一页。

制作此菜时，先将水发嫩小海参洗净，整个入凉水锅烧开，煮约五分钟后捞出，沥尽水分。取炒锅添熟猪油，烧到八分熟时，下五厘米长葱段，炸至金黄色，捞出置碗中，加入鸡汤、料酒、姜汁、酱油、白糖，上屉用旺火蒸一两分钟取出，沥去其汤汁，留葱段待用。

炒锅另添熟猪油，烧至八分熟时，下白糖，炒成金黄色，再下葱、姜末与海参，煸炒几下后，接着加料酒、鸡汤、酱油、姜汁、精盐及糊葱油。等汤烧开时，挪到微火上㸆五分钟，俟㸆去三分之二的汤汁后，再改用旺火，一边颠翻炒锅，一边进行勾芡，务使芡汁全挂在海参上，随即倒入盘中。

炒锅倒些糊葱油，置旺火上烧热，下长三四厘米的青蒜段和蒸好的葱段，略煸一下，撒在海参上即成。

这种小汁小芡的葱烧海参，汤汁虽少，但口味却因而鲜美醇厚，葱香浓郁。吃在嘴里，感觉滑软细腻，烂中仍带酥脆。

此一极品海鲜，似乎只有上海的虾子大乌参可与匹敌。一南一北，绝代双骄。

我曾在北京市的“同和居”，品尝其拿手菜之一的葱烧海参。其烧好的刺参上，径覆炸透的全葱，盘绕虬屈，外观甚美。而其清鲜醇和的滋味及细致带爽的触感，尤其精彩。众人各食两只，余味缭绕唇齿，大呼过瘾之至。

泰安欣尝赤鳞鱼

往年读张岱的《陶庵梦忆》，至“泰安州客店”一则时，心颇向往之。泰安为登泰山必经之路，最多香客投宿，客人未进香前，只吃素菜果腹，下山后则开荤，客店规模极大，计“演戏者二十余处，弹唱者不胜计。庖厨炊爨亦二十余所，奔走服役者一二百人”。其实，我虽慕其店大，然而最关心的，还是吃了什么。尤其是当地最负盛名的三美汁和赤鳞鱼，那些香客在上下山时，是否皆品尝过？

所谓的三美汁，即用泰安的“三美”所制作的羹汤。此三美分别为泉水、大白菜与豆腐，简简单单，却饶滋味。我这回赴泰安时，住在有“东岳第一庄”之称的“东岳山庄”，早午晚这三餐，皆品其三美汁，汤极清洌而料甚美，每次喝他个两三碗，真个是不亦快哉！

另，久闻赤鳞鱼之名，早就想一膏馋吻，此次得了夙愿，更是不胜之喜。此鱼珍贵异常，属于鲤科，原名螭霖鱼，又名石鳞鱼。它对环境要求甚严，生活于含氧量高、水质好的海拔三百至八百米处。泰山的黑龙潭、桃花峪、后石坞等山溪涧流中，最常见其踪迹，且性喜阴暗深水，夏天才浮出水面，故捕获期颇短。有趣的是，它生长缓慢，成熟需三年，只长三寸许，手指般粗细，重不过二两。当诗仙李白漫游山东时，曾有幸尝此鱼，并赋诗云:“鲁酒若琥珀，汶鱼紫锦鳞，山东豪吏有俊气，手携此物赠远人。”而诗中的紫锦鳞，指的即是赤鳞鱼。

此鱼依其水翅颜色，又有金赤鳞和青赤鳞之分，前者金光熠熠，烹食之后，其味绝佳，最为名贵。清代时，更被列入贡品。据说清诸帝登泰山封禅时，食罢无不夸其味美。

此外，质地鲜嫩无腥味、刺少脂丰的赤鳞鱼，据古书的记载，盛夏正午，置其于石上曝晒，不多时，鱼身化油而流，石上只剩鳞片和骨架，足见它油多肉细。因而在烹制时，欲除鳞去内脏，必用竹刀为之，借以存油保质。

以赤鳞鱼入馔，汆、炖、炸、烹等法，均无不可。但以清汆及干炸，最能得其真味。而在干炸时，为掌握油温，得老厨亲炙，才不会失手。

有次我参加“情系齐鲁”两岸文化联谊行,在“东岳山庄”

用晚膳时，虽有此鱼供应，但病其小尾，乃告李昂此鱼的来历及食法。她遂自告奋勇，请店家开小灶，邀我第二天午餐时，一起享用美味。她还自掏腰包，另烧此鱼，以每尾计价，居然是一百二十八元人民币一尾。

先上一尾干炸的，裹上薄粉用温油炸，食时蘸点花椒盐，滋味酥化甚美。再来一尾清氽的，青红萝卜切丝，置于鱼身两侧，使有悠游之趣，独食甚甘鲜，蘸些姜末醋汁，亦能提味发鲜。我们一一食尽，但觉细致无双，实为莫大口福，亦为此行谱下精彩乐章。

且为大闸蟹正名

“斜风冷雨满江湖，带甲横行有几多？断港渔翁排密闸，总教行不得哥哥。”这是包天笑在《大闸蟹史考》定稿的结尾诗。此时他老兄年届九八高龄，在写毕十六天后，就与世长辞了。虽然对他而言，已是拍板定案，但对照他以往的说法，却又出入甚大，仍留想象空间。

依照他早年的说法：“大闸蟹三个字来源于苏州卖蟹人之口……人家吃蟹总喜欢在吃夜饭之前，或者是临时发起的，所以这些卖蟹人，总是在下午挑了担子，沿街喊道‘闸蟹来大闸蟹’……这个‘闸’字音同‘炸’（煠），蟹以水蒸煮而食，谓‘炸蟹’。”

他后来改变观点，是晚年时某一天，于吴讷士家做客。吴为之设宴，张惟一亦在座。张是昆山人，家近阳澄湖畔，据其切身观察，大闸蟹之得名，应是“凡捕蟹者，他们在港湾间，必设一闸，以竹编成，夜来隔闸，置一灯火，蟹见火光，即爬上竹闸，即在闸上一一捕之，甚为便捷”。此说被包天笑采纳后，成为今之通说，于是有人加以考证，更增添这一说法的可信度。

认为闸是捕蟹工具者，引唐代陆龟蒙《蟹志》，指出：螃蟹沿江而奔，“渔者纬萧，承其流而障之”；再引宋人傅肱的说法，蟹于秋冬之交，即自江顺流而归诸海，“苏之人，择其江浦峻流处，编帘以障之，若犬牙焉”。姑不论是“纬萧”还是“帘”，多以竹子编成，既像栅亦像闸，截住螃蟹去路，借以捕蟹而食。由于这种捕蟹工具和方法，自古即有，沿用甚广，且具针对性和唯一性，所以才慢慢衍变出“大闸蟹”的名称。

然而，在吴语中叫水煮之物为“煠（炸）”（其音同炸，字典上定为异体字），如水煮毛豆为“煠毛豆”即是。而在淡水蟹里头，中华绒螯蟹的个头，比蟛蜞、沙里狗、泖蟹（俗称六月黄）还来得大些，于是煠这种毛蟹，便自然而然地被叫作“煠蟹”或“大煠蟹”了。

关于此点，清人顾禄所撰的《清嘉录》“煠蟹”条下云：“湖蟹乘潮上簖（音断，即竹栅），渔者捕得之，担入城市，居人买以相馈贶，或宴客佐酒。有‘九雌十雄’之目，谓九月团脐（雌蟹）佳，十月尖脐（雄蟹）佳也。汤煠而食，故谓之‘煠蟹’。”

观乎此言，即是包天笑先前所本。若再参照清人朱骏声《说文通训定声》引《广雅》的解释:“煠,瀹(用水煮物)也,汤煠也,音闸。”有趣的是,“煠”这个字,现代的词典(如《辞海》等),将其用水煮之义,误以为其音同“炸”,曲解成放在沸油里熬熟。于是乎“大煠蟹”之名，竟为“大闸蟹”所取代，乃误会之后的必然。

值此“秋风响，蟹脚痒”时节，海峡两岸莫不以食大闸蟹为顶级珍味。当大家品头论足，吃得兴高采烈之余，谈谈它的身世之谜，不也是乐事一桩吗?

顶级湖蟹出阳澄

自大闸蟹被禁止入台后，台湾的饕客无不扼腕叹息。虽有自家的养殖品可替代，但那膏和黄的鲜甜醇腻，却无法望其项背。想要解个馋，仍得赴江南，尤其是巴城，在阳澄湖畔，蒸煮再剥食，此中之乐趣，笔墨难形容。

大闸蟹属中华绒螯蟹中的一种，由于生产水域不同，又有河蟹、江蟹、湖蟹之分，以湖蟹为妙品。清人李斗在《扬州画舫录》中即云："蟹自湖至者为湖蟹，自淮至者为淮蟹。淮蟹大而味淡，湖蟹小而味厚，故品蟹者以湖蟹为胜。"江苏的湖蟹种类甚多，味佳者多在苏州一带，如太湖的"太湖蟹"、阳澄湖的"大闸蟹"、吴江汾湖的"紫须蟹"、昆山蔚洲的"蔚迟蟹"、常熟潭塘的"金爪蟹"等。而当时最有名的，乃汾湖之紫须蟹，并与松江的四腮鲈，同列为江南美品。

民国以后，阳澄湖的大闸蟹受到北京四大名医之一施今墨的青睐，身价陡昂。施为公认的食蟹名家，他把各地出产的蟹分为湖蟹、江蟹、河蟹、溪蟹、沟蟹、海蟹六等，每等又分为二级，湖蟹中列阳澄湖、嘉兴湖为一级，邵伯湖、高邮湖为二级。名登榜首的阳澄湖大闸蟹，从此备受瞩目，大享盛名。国学大师章太炎的夫人汤国梨女士更有诗曰："不是阳澄蟹味好，此生何必住苏州？"

除了名家品评外，地理位置颇佳，亦是阳澄湖大闸蟹名闻遐迩的主因。毗邻上海的阳澄湖，在交通便捷的情况下，民国以后，蟹被大量输往十里洋场。上海人起初只吃本地蟹，经过货比货后，无不倒戈转向。那时，上海滩上一些酒家，每届金秋时节，就在店门口高悬灯笼，挂出一只用小灯泡充作眼睛的大蟹模型，大书"阳澄湖清水大闸蟹"的广告，并在缸里、笼里装满活蟹，供顾客现拣、现买、现烧、现吃，成为街头一景。

抗战胜利后，随着航空运输的发展和国际交流的增多，阳澄湖蟹多被运往香港，遍及南洋各大都市，从此声名远播，得以"横行天下"。已故文学大家梁实秋曾写道："在台湾有人专程飞到香港去吃大闸蟹。好多年前我的一位朋友从香港带回了一篓螃蟹，分飨了我两只，得膏馋吻。"

曾是品尝大闸蟹"圣地"的香港，在大势所趋下，已今非昔比，为尝这超人气的食品，知味识味之人，莫不直奔上海，一般都吃“对蟹”，即一雌一雄，合为一斤重，蒸熟置盘中，蘸姜醋而食。考究的才尝“菊花蟹宴”。此宴又以老字号的“王宝和酒家”最善经营,号称“蟹始蟹终”,名菜有“翡翠虾蟹”“芙蓉蟹粉”“流黄蟹斗”“太极蟹盒”“阳澄蟹卷”等，每馔都不离“蟹”，很让食客惊艳，经常高朋满座，甚至一座难求。

我曾赴上海，与药学博士林铜禄逛“上海书城”，各买了几十本书，可谓满载而归。中午则就近前往“王宝和酒家”，点了十个肴点,其中的“蟹黄年糕”“蟹黄狮子头”“蟹粉小笼包”等,均是上品,吃得着实痛快。虽非“蟹始蟹终”,但其滋味醰郁，浓得化不开来。下回找个机会，再尝其他蟹馔，非得吃到过瘾，否则决不罢休。

行家偏嗜黄油蟹

在林林总总的螃蟹中，我尤嗜黄油蟹，其滋味之佳美，一食即难忘怀。

提起黄油蟹，诸君恐怕很陌生，但它在香江可是赫赫有名，为行家眼中的极品。其产期是端午节过后，中元节之前的炎热夏季。论价格，论食味，黄油蟹非但不亚于大闸蟹，而且犹有过之。只是它产量少、鱼汛短，外地人品尝过的，为数不多。因此，出了香港后，名气并不响，无法与大闸蟹相提并论。

黄油蟹的形成，与天气热绝对脱不了干系。这种蟹的前身是膏蟹（亦即雌蟹），每届气温陡升、酷暑难耐之际，成熟的膏蟹，便喜栖息于浅水海滩待产。在潮水后退、炽阳晒烫水面的状况下，蟹体内的膏质（卵细胞）受到破坏，未能正常孵化，逐渐分解成红、黄色油质，渗透至体内各部位，进而使蟹身呈现介乎红、黄色的色泽，好似布丁一般。这种质变现象，尤以蟹脚的关节间最为明显，看起来蛮“畸形”的。

也有人说黄油蟹的成因，乃每年夏秋交替时节，江水的暖与海水的凉，两者既不相容，也相当不协调，以致在此时排卵的雌蟹，因而排不出卵，于是卵在蟹体内积聚，变成一种蒸起来味道很特别的蟹油。但据鄙人研究，此说并不成立。

完全油化的蟹，称“足油”，风味最美；其次是油化殆尽的“水油”；至于蟹体内既有红膏也呈油质的，甚或膏油参半的，则称“膏油”，称不上是黄油蟹。

如就产地来看，内行的人专挑“本湾”货吃。所谓“本湾”，泛指珠江流域的虎门、太平、南头及溯流而下的后海湾浮山水域。这里属咸淡水交界之区，海水盐度偏淡，提供了黄油蟹质变的有利环境；再加上此地浮游生物及藻类植物特别丰富，蟹只只肥美壮硕，因而价格奇昂，不易买到。所以，各大酒楼一收购到“本湾油”，必在店门前用红纸大书特书，专待识味又肯花大钱的人士光顾大啖。

整治黄油蟹，绝不能斩件焗炒，亦不能照平常蒸蟹的方式，用竹签或竹筷从蟹壳下面插入戳死，如此将会导致插口漏油，流失不少精华。一般是放冰箱急冻后再蒸，只是这样蒸出来的黄油蟹，油脂凝结成块，润度香气不足，风味必受影响。故滴酒灌醉，再用猛火蒸，是“全味”良法，但见油与肉浑然一体，吃在嘴里，甘香滑腻，诚妙不可言。

我曾数度尝此人间至味，有急冻后蒸，亦有酒醉再蒸，是以能领略并分辨出其中的差异所在。阁下如至香港，千万别错过品尝黄油蟹的时机，一年仅一次机会，错过了才叫可惜。

清初大食家李渔最好食蟹，曾言:“世间好物，利在孤行。蟹之鲜而肥，甘而腻，白似玉而黄似金，已造色香味三者之至极，更无一物可以上之。”此蟹本指大闸蟹，但我的认知:世上也只有黄油蟹,方足以当之而无愧。他老兄又说:“凡食蟹者，只合全其故体，蒸而熟之，贮以冰盘，列之几上，听客自取自食。……则气与味纤毫不漏。”似乎是为黄油蟹量身定制，也只有如此，才不会暴殄天物，让尤物死而无憾。

石鸡味美真难忘

近二十年前，初读大吃家逯耀东《黄山顶上吃石鸡》一文，见他写道：住“玉屏山庄”时，最后上盘炒得黑黑的菜，下箸一尝，精神大振，喊着：“石鸡，这是石鸡！”食罢意犹未尽，走到厨房一看，“案上有半脸盆切剁妥当的石鸡，不仅新鲜，而且都是褐黑色”，连价钱都没问，忙命再来两盘。读毕油然而生向往之心，一直念念不忘。

据我后来研究，属两栖纲无尾目蛙科的石鸡，学名棘胸蛙，古称山蛤，又称棘蛙、蝈冻、石鳞、石蹦，因其肉质细嫩洁白，可与家鸡媲美，故名石鸡。由于其性好坐，在湖北一带，另称为“坐鱼”。一般而言，其长约十二厘米，形体较青蛙肥壮，其大者可达四百克，望之有如乳鸽，皮肤较粗糙，背呈黑褐色，亦有呈褐红、褐黄色的，腹则灰白色，雌雄异其貌。雄石鸡背面有成行长疣，间有小圆疣，腹面仅胸部有一整片刺棘，中央有一枚角质黑刺。雌石鸡背部均分散小圆疣，腹面光滑，趾间全蹼。大多散居于山谷溪流中及附近岩洞间。听觉灵敏，行动迅捷，其性畏光，喜欢夜间活动，人们常选在酷热的夏夜进行捕捉。

石鸡主要分布于徽、赣、浙、闽、两湖、两广和云南等地，历来被视为珍稀美味，与石耳、石鱼并列，而有“庐山三石”与“黄山三石”之称。

而以石鸡入馔，为求卖相，多不去皮，行家讲究带皮烹调，风味尤佳。其制作之法甚多，炸、熘、烧、炖、蒸、炒诸法，皆能烹制佳肴。例如安徽的“清蒸石鸡”“花菇石鸡”；江西的“云雾石鸡”“红爆石鸡”“灯笼石鸡”；湖北的“鄂南石鸡”“醋熘石鸡腿”；云南的“果仁炒石蹦”及福建的“茉莉石鳞”“石鳞戏珠”“香油石鳞腿”等。石鸡腿尤为精华，南平的“香炸石鳞”，乃中国名馔之一。

此菜取出两条大腿炸制，先行码味处理，接着略挂薄糊，待炸至金黄色，浓郁香气溢出，捞出盛白盘中，金相玉质相衬，蘸花椒盐而食。其肉质爽口且细嫩，稍微带点滑感，清新鲜甜别致，难怪美食家食毕，会拈出“软熘肥鲫美，香炸石鳞高”（郭沫若）的诗句来。

中医认为石鸡性寒，有清火明目、清热解毒和滋补强身的功效。其实，早在《太平广记》上即记载："南方又有水族，状如蛙，其形尤恶，土人呼为蛤。为臛，食之，味美如鹧鸪，及治男子劳虚。"综此观之，石鸡堪称食药兼优的美味，食法多端，引人入胜。

我在壬辰年（2012）时，应浙江省江山市之邀，走访胜景，品尝不少珍馔，其地介于赣、闽、徽之间，石鸡产量丰饶，我尝过爆、炖等法，但最挂念的，则是在碗窑古村吃到的"石鸡蒸肉饼"，其味甚清隽，能彰显特色，手艺之高明，舌本仍留香。

李棠巧烹鹿之味

早在四十年前，我就曾尝过鹿肉，吃的都是老鹿，或红烧或清炖，均不十分惬意。其后到野味店，吃些鹿鞭、鹿筋之属，当时只感新鲜，不觉其味特美。有回赴品酒会，由苏格兰某酒商的家厨治馔，其煎炙的鹿排，上淋鹿油、红酒酱汁，点缀几颗樱桃，旁置一些香草，摆盘相当漂亮，滋味只是一般。是以对清代大食家袁枚极力赞许的鹿尾和鹿肉、鹿筋等佳肴，仅能想象，无缘一试，颇引为憾。

近有香港一行，在食友张聪的引领下，由有“鹿王”“野味之王”之称的大厨李棠亲炙，我品尝四款鹿馔，其味别出心裁，大有可观之处。它们分别是“鹿筋姜醋”“铁板鹿脷（舌）”“挂鹿米线”和“旷野鹿骨”四味，真有意思。

其“鹿筋姜醋”，想法出自港人坐月子常吃的猪脚姜，但在色相及制作上，令人耳目一新。首先将鹿筋切小块，再选取生姜之精华（从四十五斤中，大约取出六斤），其不用子（紫）姜，主要是如此始有姜之气味且具疗效。姜亦切小块，以醋久煮之后，放在玻璃杯内，入冰箱中冷藏，呈膏状凝结后，以匙挖取而食。筋、姜均脆爽，膏则绵且香，食味真不俗，融入香、辣、酸、甜四味，还曾得到香港美食大奖哩！

“铁板鹿脷（舌）”一味，由已逾“随心所欲，不逾矩”之年的李棠堂煎(即西方人所谓的桌边料理),但见鹿脷取精细处，每只仅三小块，皆去其筋、皮、膜；另，取去菇伞和根部的鲍鱼菇（鸡腿蘑），亦切段成柱状，罗列在铁盘上。先炙烧鹿脷，再烤鲍鱼菇，反复施为后，蘸细盐而食。鹿舌和菇块，全清爽适口，且迸出浆汁。看他全神贯注、一丝不苟的模样，始知他赢得“街坊食神”的令誉，绝非偶然。

而将鹿舌存余的肉屑切末，旱芹亦切末，佐以米线煮成的“挂鹿米线”，据李棠自谓：“其得名之灵感，来自增城的挂绿荔枝。其做法本如天马行空，但米线爽、滑、不易断和浓郁的米味，正象征着生命的坚忍及有内涵；鹿肉都是无油脂的精肉，表示生命将更为充实而多元化。”我无此体悟，但体会到这个酷似湘味“蚂蚁上树”的点心，爽细柔滑不涩口，肉香米香配得巧，有相辅相成之效。

“旷野鹿骨”则用鹿的龙骨，既具有骨髓，亦带有脆骨，与红萝卜同炖，再盛入陶钵中，每人皆有一份。鹿骨之肉绝少，但甚耐人咀嚼，而且越啃越香，即使微有腥膻，倒是瑕不掩瑜，滋味因为美妙，益感人生真实。

今番的食鹿会，与前人相近的，则有《食医心鉴》的“炰鹿蹄”，以及元末陶宗仪《辍耕录》“迤北八珍”条记载的鹿唇。可惜未尝到被尹继善、梁章钜等人品评为天下第一的鹿尾。每一读到袁枚“尝得极大者，用茶叶包而蒸之；味果不同，其最佳处，在尾上一道浆耳”之句，不觉食兴遄飞，津液汩汩自两颊中出矣。

长泰明姜通神明

体质极燥的我，不爱上火食物，摒绝辛辣之品，尤其是调味料。其唯一的例外，就是食姜制品，包括生姜在内。或许是孔老夫子调教，每饭经常“不撤姜食”。朱子《四书章句集注》也明明白白写道：“姜通神明（即通气提神）。”我之所以食姜，其根由即在此。

姜的特色为祛寒开胃，调味解腥。它本为贱物，能成为贡品，还真有一段故事，足供谈助之用。

话说明武宗正德年间，福建长泰人戴时宗中进士后，在京师的刑部、吏部担任要员。有一年母亲要做九十大寿，他上奏欲返故里省亲。年轻的皇帝很是诧异，民间竟有如此高寿者，不知平日吃些什么食物，才得以延年益寿？于是让太监传话：“爱卿返乡省亲时，请教老夫人平日饮食常食何物，才会如此遐龄。也带些让朕尝尝。”

戴时宗转述后，其母听罢，觉得好笑，道：“我们是清寒人家，哪能吃鲍翅参肚和燕窝这等食材补养啊！不过是从小早餐就吃咸姜配稀粥罢了。”戴遂心头一亮，这话大有道理。毕竟，姜非但可以调味佐食，中医还常用来入药治病。于是一查药书，见上面写着：“生姜性微温，味辛，既可发汗解毒祛风寒，又能温胃和中，降逆止呕。”当他撕下一片咸姜尝个味儿，咸笃笃、麻辣辣，口感并不很好。以此献给皇帝，不异于自讨苦吃，挨顿骂不说，甚至有不测之灾，心里好生苦恼。

戴老夫人见状，灵光一闪，便命媳妇将咸姜捞出，用净水漂洗数遍，去掉咸辛苦涩之味，再用红糖煮过晒干，撒上一层糖粉，使之保持干燥。合家品尝之后，觉得甘香适口，保持姜的微辣，实为佐茶妙品。遂命名为“明姜”，装在锦盒之内，充作贡品上献。

戴时宗回京后，贡上明姜覆旨。皇帝正感风寒，头疼鼻塞，胸口郁闷，小有咳嗽，胃口不佳。看见明姜，先拈两片咀嚼，佐以香茗一杯，顿时身体冒汗，接着头脑清醒，鼻孔通畅，也不再咳嗽了。龙心大悦，不禁再吃几片，晚膳食欲大振，身体已然复原。乃将明姜分赐妃嫔以及皇亲宠臣们，众人品尝后，皆赞不绝口。

好事的皇帝便下诏，钦命戴时宗监制明姜，四时进贡内廷。从此之后，明姜成为长泰名产，享誉至今不歇。

关于姜的好处，李时珍《本草纲目》赞其“辛而不荤，去邪辟恶，生啖熟食，醋、酱、糟、盐，蜜煎调和，无不宜之。可蔬可和，可果可药，其利博矣”。讲句老实话，姜即使妙用无穷，但绝不是万灵丹，而且过犹不及，像南朝的陶弘景便指出：“久服，少志少智，伤心气”，似亦不可不慎。

我每到香港，于临别之际，必在机场内买些现成的明姜返台，既分赠亲友，也自己受用，只盼通神明，身心常康泰。

猫腻饺子有意思

饺子是我的最爱之一，但绝不是唯一。因此，我对北方人那句俗谚“好吃不过饺子，舒服不过倒着”并未全盘认同，但能吃到一顿美味的饺子，即感通体舒泰、乐在其中，倒也是不争的事实。

饺子大约起源于南北朝时期，距今已超过一千五百年。然而，神话却把它推到盘古之时，可也扯得太远啦！原来他老兄在开天辟地时，天上缺了一块，女娲乃炼五彩石补天，又用黄土造了泥偶，当她吹口气后，即赋予其生命。但一遇下雪天，泥人之耳会被冻掉，女娲为了补救，便在其耳朵上扎个小孔，以线系牢，另一端则让泥人用嘴咬住，耳朵因而扎紧，从此不再掉下。由于过年前后，是一年当中最冷的时节，容易冻掉耳朵，人们为了自保，每逢到了过年，无不立刻包状如耳朵的饺子吃，意味已咬住那带线（馅）的耳朵（即饺子）。这种神话故事，嘿嘿嘿，你们真的相信吗？

考古学者于1959年时，在新疆吐鲁番某座唐代墓葬出土的木碗内，发现有一保存尚完好、长约五厘米的小麦面制作的月牙形饺子。这正说明了当时的西域，已有由中土传去的吃饺子习俗。宋、元时期，人们称饺子为角子或角儿。据《东京梦华录》记载，东京（今开封）的市食，有水晶角儿、煎角子等；又，《武林旧事》中，记有临安（今杭州）市食诸色角儿；《饮膳正要》内所列举的饺子，尚有莳萝角儿、撇列角儿等，在在反映着宋、元时期饺子的品种已多了起来，很有吃头。

到了明代，正式出现“饺子”的名称，但亦有叫饺儿的，并将它列入春节的节令食品，如《万历野获编》中，就提到北京的名食，有椿树饺儿。降及清代，饺子另有煮饽饽之名，例如李光庭所撰的《乡言解颐》便指出：“除夕包水饺，谓之煮饽饽。”书中并附一首有趣的歌谣，词云：“夏令去，秋季过，年节又要奉婆婆，快包煮饽饽。皮儿薄，馅儿多，婆婆吃了笑呵呵，媳妇好费张罗。”

皮薄馅多的确是饺子好吃的不二法门。现在有饺子机，流水作业，整洁、迅速，堪称便捷，但做出来的味儿，硬是不如手工制品，尤其是自家精心制作的。散文大师亦是食家的梁实秋，经验丰富，讲得一针见血。他表示："店肆现成的饺子皮，碱太多，煮出来滑溜溜的，咬起来韧性不足。所以，一定要自己和面，软硬合度，而且要多醒一阵子。盖上一块湿布，防干裂。擀皮子不难，久练即熟，中心稍厚，边缘稍薄。包的时候一定要用手指捏紧。有些店里伙计包饺子，用拳头一握就是一个，快则快矣，煮出来一个个的面疙瘩，一无是处。"

至于饺子馅，他则认为"各随所好。……韭菜馅有人说香，有人说臭，天下之口并不一定同嗜"。关于韭菜馅，我倒是有句公道话，韭菜最宜尝春天产的，最忌食夏天出的。有道是"初春早韭味至美，一束韭菜一束金""六月韭，臭死狗"。因此，选对季节食用，实在至为紧要，切莫等闲视之。

近赴邯郸市的磁县，品尝据说源于康熙二十五年（1686）的老店"拖驼面馆"之味，其远近驰名的猫腻水饺，其馅只有韭菜猪肉一种，但因调和得宜，滑嫩细爽兼备；饺皮擀得不错，边缘脆中带韧，正中细腻而柔，口感风味均佳，同时个儿极小，约大拇指第一指节般大，一口一个，适意惬怀，价格并不特昂，竟能出奇制胜，而且舌本生津，真是口福不浅，好生让人难忘。

点化神笔的烙馍

壬辰年（2012）初秋，我来到洛阳，首站即孟津，头一个景点，居然是王铎的故居。这位与王羲之、王献之并称“三王”的大书法家，一直是我心仪的对象。家中的碑帖，已达上千册，又以他写的收集最齐全，神游亦最久。他老兄最擅长行、草，尤精通“涨墨法”。此即所谓“渴笔”，既一任自然，又变化无穷，亦万毫并发，一枝独秀。先贤名士历来对他赞誉备至。例如康有为便说他：“笔鼓宕而势峻密，真元、明之后劲。”不过，当代大书法家启功的评语尤得我心，他指出：“王侯笔力能扛鼎，五百年来无此君。”这就将他能书之名既名重当代又兼具垂范后世的特点，做了最好的诠释。

王铎为孟津人，自幼天资聪颖，加上用功极勤，身不离案，手不离笔，遂很快地在书画上卓有成就，各方褒美之词涌至，称他为“马良再生”“灵童转世”。在这一片赞扬声中，他不免扬扬得意起来，不思进取，荒疏学业。

话说在一个市集日，王铎一早就去闲逛，东游西荡之际，看见两个卖烙馍的老太婆的摊前包围着一大群人，还不时“啧啧”称美。他想这有啥看头，就在准备离开时，旁边有人道：“你好好瞧瞧，这可是一绝。”王铎才仔细观看，于是一则媲美“铁杵磨成绣花针”的故事，便如此展开了。

原来制作烙馍的老婆婆，相互背对而坐，一个擀，一个烙。擀馍的那一位，只三两下工夫，就把馍擀得又圆又薄，再用小擀杖挑起来，信手向后一抛，即不偏不倚地落在烙馍的鏊子上；而烙馍的那位，则熟练地将馍烙好，也是看也不看，径朝后边一甩，正好落在擀馍的老婆婆正前方，一叠子馍摞得整整齐齐。这种神乎其技，让王铎目瞪口呆。但见眼前的烙馍，仍不断地飞来飞去，老太婆则神色自若，仿佛背后长眼睛般，张张丝毫不差。王铎心中暗暗称奇，同时也很惭愧，心想：自己在书画上的小小成就，远不及老婆婆那样得心应手，就敢妄自尊大，实在太不应该。从此之后，他更加勤习苦练，不敢丝毫懈怠，终成一代大家，博得“神笔”之誉，并在中国的书法史上奠定其不朽的地位。

这趟六天五夜的洛阳行，午、晚二餐，顿顿都有吃馍（即饼），或煎或蒸或烤，居然从头到尾，没有一餐重复，而且滋味甚美，印象极为深刻。这让我不禁对制馍的多元及手艺，除啧啧称奇外，亦叹无缘一见。或许有朝一日，得睹此一绝活，当为一大奇缘也。

坛肉焖饼风味足

走在台北街头，为了打发一顿，我常去北方小馆，叫两份牛大饼，伴随两碟小菜，再来碗小米粥，只要是用心制作，每能满足赋归。这款牛大饼，是先烙好圆薄饼，再涂上些甜面酱，铺大块卤牛肉，另夹几根青葱，接着卷起切段，并用牙签固定。取食或用筷子，或以手指拈签，直接往口一送，搭配小菜咀嚼，然后啜小米粥，颇能自得其乐。

我不知牛大饼起源何时，但河南郑州的坛子肉饼却一直让饕客津津乐道。这家老字号，店名“葛记坛子肉焖饼馆”，创于20世纪20年代，据说开业至今，生意一直红火。

此坛子肉焖饼，原为清廷王府下人的一种快餐。葛老板是满族人，本名叫葛明惠，年轻时曾在王府里当马夫。王府的厨子们，体恤当差杂役，日常焖一大瓮坛子肉，也烙点面饼搁在一起，待他们侍奉王爷归来，厨子将两者一卷，托出让随从们饱餐一顿。葛明惠勤快好学，常到厨房内帮忙，久而久之，学会了整套做焖饼的手艺。

辛亥革命后，王府败落。葛由北京辗转来到郑州，在当时的一马路，开了家“葛记坛子肉焖饼馆”，由其子葛元祥负责经营，主理红白两案。

葛元祥聪明机敏，在王府传统技艺的基础上，大胆创新，精选五花三层大肉，切成五分见方，佐以优质香料，再加豆腐乳等，旺火煮开，文火慢炖，炭火均匀，以至肥肉不腻、瘦肉不柴，腴香适口，味醇而正。一家不起眼的小馆子，居然天天人声鼎沸，闻者纷至，门庭若市。

传到第三代，花样更翻新。除继续做传统的坛子肉焖饼外，还制作肚丝焖饼、鸡丝焖饼、里脊焖饼、牛肉焖饼、番茄鸡蛋焖饼，以及炒饼、烩饼等。亦可依顾客的特殊需要，预订海鲜、三鲜和素几样等风味，挺受欢迎。而这个素几样，主要者为绿豆芽，再大量使用应季蔬菜，如茭白、蒜薹、韭黄、四季豆等，充满着时令感。而佐饮的汤汁，亦非常讲究，用的是“追汤”，也就是先烧好清汤，再加入鸡、鸭，微火慢慢煮，以追补其鲜味，甘美诱人。食客在享用时，每份焖饼附赠清汤一碗，爽口开胃，经济实惠，营养丰富，其能大发利市，不是没有道理的。

台北的北方小馆，原先尚有猪大饼、羊大饼这两款，现则不见踪影，专以牛味为主。此一情形，比起葛记焖饼，路子越走越窄，让人不胜唏嘘。

昆山名食奥灶面

看电视介绍有家方便面的业者，为了开发新品，研究人员一再要试新味，当天正品尝者，乃苏州昆山“奥灶面”。这勾起我往日情怀，有心探讨其种种，好让读者得以一窥其“庐山真面目”。

话说清代同治年间，当时昆山地区的玉峰山下，有家小面食铺，店主人为颜陈氏。在她的悉心经营下，面食铺取南北面食之长，烹制出一款面白汤红的红油面，色、香、味俱佳，颇受食客欢迎，因而远近驰名。同行恶性竞争，中伤其面为“懊糟（即邋遢）面”。一书生激于义愤，乃与颜陈氏商议，顺势取其谐音，管它叫“奥灶面”。此面货真价实，加上名字特别，食客交相赞誉，遂成金字招牌。

还有一个说法。昆山半山桥畔的柴王弄、聪明弄，素有“一弄十进士，父子两状元”的美誉。清文宗咸丰年间，当地名流赵三爷家中的绣娘颜陈氏擅长烹调，深得赵家青睐，赵家乃将其名为“天香馆”的面馆，交给颜陈氏经营。她精心调制的红油面，大受士绅赞叹。某日，举人王老魁来吃面时，适逢灶内无火，他吃面心切，竟挽起两袖，以双膝跪地，添柴烧灶。从此之后，声誉更隆，众所周知。

“奥灶面”的红油，和四川烹饪所用的红油绝不相同。它是将素油（如麻油、菜油、花生油等）烧热，放入鱼块，炸熟捞出，余油经滤清去渣，呈现酱红色，即为红油，并作为熬制面汤的调味料之一。至于所用的鱼，亦大有来头，是选用阳澄湖内上乘的青鱼，先用清水洗净，接着放在长盆中剖杀，处理加工过的鱼块，一经炸至发红，随即和鸡骨、黄鳝骨、虾壳、螺蛳等熬成之鲜汤一起烩制，同时加入红通通的鱼油，此即“奥灶面”好吃的秘诀。亦有人因其制法，特命名“红油爆鱼面”。其成品的面汤，色泽酱红油润，面条细滑软柔，爆鱼脆腴香鲜。由于具有“汤热、面热、鱼热、油热、碗热”的五热特点，加上红艳光亮，异香诱人，其能风行江南，绝非幸致。

另一款“奥灶面”，同样赫赫有名，称为“白汤卤鸭面”。它选用阳澄湖畔吃活食、肉质细嫩、有野鸭香的大麻鸭，再以“三热、三清、一套”之法，烧制出风味独具的卤鸭，鸭味浓郁，入口酥嫩。且不管是红油爆鱼，或者是白汤卤鸭，其所使用的面条，必定为店家特制的龙须面，细如粉丝，银光透亮。一旦浇上滚烫的红、白浇头，碗中的面条，或红亮欲滴，或洁白似乳，其原汁原味，极鲜香适口，食罢永难忘。

我曾在上海及昆山等地，数尝“奥灶面”，或红油爆鱼，或白汤卤鸭，端在手上滚烫，吸吮汗淋漓，果然很过瘾。每当肚子饿，便思此尤物，想再来一碗。

“龙记”鲜虾云吞面

馄饨是一种用面粉加水和成团，再擀成皮子，包馅心，经汤煮、笼蒸或蒸后油煎而成的食品。它的问世约在西汉时期，南北朝时已相当普及。唐宋时，馄饨制作的技术突飞猛进，若论其极致，首推唐代宰相韦巨源向皇帝献“烧尾宴”中的“生进二十四气馄饨”。据宋人陶穀对此一食单的解释：“花形馅料各异，凡二十四种。”其花样之多与功夫之细，令人叹为观止。而今西安著名的“饺子宴”，即是据此而来。

馄饨各地叫法不同，广东叫云吞，四川叫抄手，江西叫清汤，新疆叫曲曲。而今它早已风行市上，既属民间大众化的小吃，且偶见于丰盛的筵席上，可谓泽及苍生。

依一些老行尊的追忆，广州的云吞始于清穆宗同治年间（1862—1874），起初自湖南传入，第一家老店为设于双门底（现北京路）的“三楚面馆”，专营各种面食。而店家的云吞，做得相当粗糙，只有水面皮、大肉馅和白水清汤。由于经济实惠，生意一直不错。在利之所趋下，人们争相仿效，纷纷设档经营，其势如火如荼。抗战胜利以后，光是广州一地，固定的云吞档，即有一百多户，走街串巷的肩挑小贩，更多如过江之鲫，屈指难数。而且这些同业，为了加强联系和相互制约，还特地成立一个云吞公业，此举别出心裁，堪称食林一奇。

有竞争才有进步，为了抢独门生意，各店档无不使出浑身解数，提高云吞的质与量，以至制作越发精致，用料也愈来愈考究，造成一片荣景。而当时名气最响的，应属“池记云吞面”。它只是个路边摊，未设任何座位，但其独家美味，竟能使达官贵人不惜纡尊降贵，乘着轿车前来光顾。他们及内眷不愿抛头露面，只得躲在车厢内，捧着碗吹凉而食，其诱人由此可见。此后，长寿路的“坚记”、第十甫的“欧成记”和宝华路的“金钟阁”等，都以滋味绝佳而名噪一时。

传统的云吞面，充馅料的猪肉，只取后腿鲜肉，肥瘦比例严格，须肥三而瘦七，切肉也很讲究，必先切而后剁。经过腌制手续，使其爽口而甘，再添加鲜虾仁、鸡蛋黄及调味料和匀，始成馅料。同时包云吞的皮宜薄，包后表皮出现皱纹，煮熟呈现肉色，称为“玻璃云吞”，且要现煮现卖，以维持色鲜味美，才能诱人馋涎。

至于所用的全蛋面条，又称“全蛋银丝细面”，将面粉搓至纯滑，再用手工打成，食来相当爽口，颇有“弹牙”之感。汤头所用的料，同样马虎不得，主要是用猪大骨、黄豆芽、虾子、连头虾壳、大地鱼和老姜。考究点的，大地鱼还要先用火焙，并加冰糖释鲜。此外，在煲汤时，一律要用慢火，千万不可盖锅。唯有如此，才能边煲边清除杂质，使其汤清而味香，望之即心旷神怡。

由于云吞面的滋味甚佳，有些人即使天天以此果腹，仍乐此不疲。不过，台湾好吃的鲜虾云吞面毕竟有限，如能尝到好吃的，只能说是“福气啦”！

早年“成记粥面专家”的鲜虾云吞，是严老板和老板娘的精心杰作。其内馅的鲜肉，必用手工反复剁至碎烂为止，虾仁则切段包入，务使口感脆爽腴滑兼而有之。另取连头虾壳和鸡胸骨煲汤，汁清质纯，其上再撒些韭黄粒吊味，尤能适口充肠。若在其云吞汤内下了半蛋面，即是羊城著名的吃食——鲜虾云吞面。可惜自严老板仙逝后，此一顶级逸品，从此烟消云散。

近赴香港疗腰疾，就在诊所不远处，我发觉一精洁小铺，它的店名为“龙记”，其内外场人员，皆为妇道人家，仅卖鲜虾云吞及涮生牛肉，可汤可面可粉。虾仁整只入馅，料实味鲜而美，汤汁馨逸可人，面条滑爽而细，我吃得极为满意，足消旅途劳乏。美食之抚慰人，由此可见一斑。

三不粘一食难忘

久闻“三不粘”之名，这回到了北京，我终于一偿夙愿，而且两款皆享，这种快乐劲儿，笔墨难以形容。

据说它的本尊，出自河南安阳。清乾隆帝南巡，途经安阳时食此，居然龙心大悦，从此传至宫中，成为大内名菜。后来因缘际会，再度流落民间，享誉北京食坛，充满传奇色彩。不过，它尚有另一说法，或恐是齐东野语。

相传“同和居”开业之初，本是家小饭馆，格局不大，并不出名。店主是山东福山人，他为使生意兴隆，曾千方百计，想在肴点上搞出些名堂。后来机缘凑巧，得识清宫御厨，从而习得“三不粘”等宫廷菜。一日，某王爷到此用个便饭，店主得知后，特别殷勤招待，亲自为其烹调“三不粘”“贵妃鸡”等佳肴，王爷食罢大喜，到处宣扬。从此，“同和居”逐渐誉满京华，一跃而成在京山东菜馆“八大居”之首。

其实，“同和居”的前身为“广和居”。据夏仁虎《旧京琐记》记载：“士大夫好集于半截胡同之广和居，张文襄（之洞）在京提倡最力。”“七七”对日抗战初期，“广和居”生意一落千丈，至1939年停业。部分股东集资，号召厨房原班人马，另设“同和居”。于是原先是“广和居”二厨老葛的名菜“三不粘”，也就成为“同和居”的招牌，吸引着无数中外食客，尤其是日本人的青睐。传说裕仁天皇在位时，特嗜此一美味，还曾用飞机载它运回东京。而“上有所好，下必从之”，在此又得一印证。

“三不粘”的原料简易，只是蛋黄、猪油、白糖，佐以少量水、盐、淀粉而已，但烹制颇费功夫，技术难度甚高：一要掌握好火候；二要双手并用，一手搅炒，一手淋油，不可间断，至少搅炒十几分钟，高达四百余下，才能制作成功。“同和居饭庄”最擅于此，堪称一绝。该店名厨宋进义曾以此菜赴海外献艺，大获好评。其徒、高级技师赵树凤继承衣钵，艺冠群芳，有“精妙绝伦”之誉。

而“三不粘”之得名，在于其不粘筷、不粘盘、不粘手，并以色泽金黄、形圆似月、香软油润、浓甜不腻、其味无穷著称。我在“同和居”品尝时，即对其稠不粘盘、软不粘匙、糯不粘牙，且食之香甜不腻、鲜美爽口，大为叹服，不愧甜菜神品。后来赴“兰亭厉家菜”用餐，其套餐制作精细，但不得味，不知其何以享誉甚隆。待终结的“三不粘”一上，印象随即改观，其特点在于颜色黄艳润泽，呈软稠的流体状，似糕非糕，似粥非粥，入口绵软柔腴，味道香甜。与“同和居”的清爽利口比起来，真个是别有一番滋味在心头。

草根名点鸡仔饼

我天生是个馋人，对于各种闲食，一向来者不拒。太太自香港归，携回各色点心，勇于试味的我，自然逐一品尝。这次最喜欢的，莫过于鸡仔饼。拈起送口细品，在五味杂陈中，居然相辅相成。搭配着老茶吃，备觉亲切有味。

这款广州名点，始于咸丰年间（1851—1861），本来成于意外，充满着草根性，一经师傅改进，在精益求精下，反而打出名号，迄今仍是名食。

故事从广州市河南的“成珠楼”说起。这家茶楼开张于乾隆年间，到了咸丰时，由当地潘、卢、周、叶、伍这五大豪绅之一的伍紫垣经营。伍家交游广阔，家中有一婢女，名字叫作小凤，广东顺德人氏，长得蛾眉凤目。她聪明能干，心灵手巧。每当茶楼师傅下厨，她便留心在旁观看，偷师菜肴点心的做法。

时日一久，厨艺大进。

咸丰五年（1855）八月，时序已近中秋，伍家来了贵客。分宾主坐定后，主人命上点心，适巧家中未备，师傅外出未归，紫垣瞥见小凤在侧，忙叫她做款点心应急。

小凤下厨，灵机一动，将家中常贮的惠州霉干菜，连同制作五仁月饼的馅儿，搓揉一处之后，添些胡椒粉，做成小饼胚，经烘烤而成。待端上桌来，客人一品尝，既酥香又脆，乃啧啧称赞，问道："此饼何名？别有风味，平生第一回尝。"

主人笑望小凤，心里暗自高兴，随口而出说："这叫小凤饼。"从此之后，小凤饼便成了伍府款待宾客的常备点心。

"成珠楼"的点心师傅们，由此得到启发，不断加工改进，选用精白面粉，和以糖、油为皮，再取切碎肥肉与榄仁、芝麻、核桃仁、胡椒粉、五香粉及盐，拌成馅料，经包馅、制胚、烘烤等工序，遂逐渐定型，行销海内外。1931 年时，其受到广州国际展览会的肯定，荣获银质奖章。

1946 年初，在"成珠楼"庆祝成立两百周年的盛大宴会上，岭南书法名家麦华三就小凤饼为题，当场撰词，书赠酒楼，其词云："小凤饼，成珠楼，二百年来誉广州，酥脆甘香何所似？品茶细嚼如珍馐。"

又，广东人常称"鸡"为"凤"，因而小凤饼的商标，每以小鸡当成图案，久而久之，人们便通称它为鸡仔饼了。

当下的鸡仔饼为增口味，其在肥猪肉部分，已专用猪肋排上的肥肉，先行蒸熟，再以玫瑰露与冰糖腌一夜，俟其入味，清新爽脆，不油不腻，特称“冰肉”。而内馅里，再调以南乳、蒜茸等。这种新式口味，广受顾客欢迎，我亦为爱好者，信手取食，乐在其中。

老字号的“大同鸡仔饼”，形态自然、色泽金黄，其馅虽韧，不掩细致，咸鲜味浓，甘香丰盈。即使用下栏（脚）料，也不讲求造型，属于草根粗食，但其馥郁而美，仍称得上佳点。我一旦开吃，深陷其滋味，往往难自拔。

牡丹燕菜真不同

洛阳的牡丹花，自古名扬四海，有“富贵花”之称。而洛阳的水席，享誉大江南北，其滋味之醇美，令人百吃不厌。两者合二为一，有如屠龙宝刀，天下莫敢不从。

所谓水席，顾名思义，就是大部分菜肴都离不开汤水，例如莲汤肉片、水漂丸子、生氽丸子、木须汤、萝卜丝、燕菜等，均带汤水。全席除八盘下酒菜外，另有八大碗和八小碗，俗称“三八桌”，共有二十四道菜。亦有径称之为“宫席”者。

此水席始于何时？传说不一。通说为始于唐代武则天，惜史书未记载。但从其食材为常食之物观之，似乎是从民间传入宫廷，再由宫廷改进流入民间，故能不分贫富，雅俗皆可共赏。

洛阳水席自清末以来，随年代之推移，多有创新改进，并在保持传统基础上，款式日臻完美，今已自成体系，风味独特。

早年台菜多半汤汤水水，其渊源即在此。

在洛阳的众多水席中，必不可少的是“牡丹燕菜”，不仅为最具代表性的一道菜，同时也是打头阵的大菜，艳冠群芳，莫与之京。常使人目迷其丽色，竟到无法下箸的地步。

此菜又名“假燕菜”。相传则天大圣皇帝在位时，洛阳东关菜园里长了个特大萝卜，长约三尺，上青下白，重达三十二斤九两。农民视为神奇之物，进贡宫内，女皇大悦，命御厨以此烧菜。御厨几经思考，对萝卜进行精细加工，配以海味山珍，制成汤羹敬献，则天食后大乐，觉得异常鲜美，具有燕窝风味，特赐名假燕菜。自此之后，王公大臣设宴，莫不备办此菜，遂登大雅之堂。后来传至民间，人们吃不起高档料，乃用肉丝、鸡蛋、香菜等搭配烹调，深受群众喜爱。随着历史变迁，厨师不断改进，此菜终于脱胎换骨，展现另类风姿，成为洛阳名馔，亦称“洛阳燕菜”。

1973年10月，周恩来总理陪同加拿大总理特鲁多抵达洛阳访问。市领导选在“真不同饭店”用膳。名厨王胡子、崔学礼在烹制此菜时，加上一朵用鸡蛋雕成的牡丹花，造型逼真，鲜艳夺目。周总理见状，风趣地说：“洛阳牡丹甲天下，燕菜开出牡丹来。”从此之后，这道菜声名大噪，因其结合了牡丹之美，又被称为“牡丹燕菜”。

2011年秋，我应洛阳副市长杨萍之邀，有幸来到此十三朝古都。她亦席设“真不同饭店”，让我品尝顶级水席。当牡丹燕菜上桌时，但见黄亮的一朵花，浮托在燕菜上面，美艳无伦，精彩万分。我在感动之余，居然忘按快门，纪念此一奇缘。

此菜粗料细烹，萝卜丝晶莹剔透，堪与燕菜争辉，汤则鲜清甘芬，尝罢舌底生津，其味环绕唇齿，余韵久久不绝。

酥菜味美难忘怀

家常的美味，最令人销魂，其记忆之深刻，甚至没齿难忘。这等普通而又平民的菜肴，做法可繁可简，其价可昂可廉，但勾起馋涎，并不分轩轾，且冷热皆宜。

名食家逯耀东指出，洞庭湖区在冬天时，“炖菜常连锅带火上桌，俗称钵子。边吃边下料，滚煮鲜辣，人人尝食。所以，当地有句俗话：‘不愿进朝当驸马，只要蒸钵子咕咕嘎。’”。这种享受，溢于言表。他又说：“我们在冬天常炖白菜钵子，一层白菜，一层肉，一层豆腐。肉切大块铺于白菜之间，如是者数层，煨炖至白菜酥烂，豆腐成蜂窝状，连锅上桌，逐层掀而食之，肉嫩软，点剁辣椒食之，其味更鲜美。”显然他经常乐在其中。

近有山东之行，在机缘凑巧下，我尝其平民料理，尤好酥菜一味。此菜出自清宫廷，由河南之酥肉转化而成。据爱新觉罗浩《食在宫廷》的说法，制作酥肉时，“大锅内垫上盘，码一层葱，再码一层肉，肉上码一层海带，海带上码一层肉，肉上再码一层葱，如此将肉及配料码完”，接着“在一碗内放入酱油、料酒、香油、白糖、醋、姜块和少许水，搅匀后浇在肉锅里，将锅盖严，锅沿可围上纸，以防漏气，用小火炖约一个半小时，至汤全吃进肉中即成”。

她并表示：“此菜冷热食之皆美。出锅时，要注意保持肉的原形。装盘时，肉的周围放葱，海带另盛。”同时，其滋味为肉酥烂而不腻，最宜佐酒。

比起酥肉来，酥菜的材料就多啦！有鸡、肘子、鲫鱼、海带、白菜、藕、干金针菜和鸡蛋。鲁省人士在逢年过节时，均少不得它，而且以冷食为佳。

制作此菜时，正统的烧法为：用现宰的活鸡、活鱼；肘子用后腿的；白菜剥去老叶，逐叶撕开；莲藕去节刮皮，开水煮透，以防酥后变黑；干金针菜泡发后，去蒂捆把；鸡蛋煮熟去壳，海带则切片或打结。食材收拾妥当，随即摆锅，锅底要支几块猪大骨，免得煳锅。接着底层铺白菜，上一层置鸡块、蛋、肘子、鲫鱼，再上一层分别为海带、藕、干金针菜，最上层再覆白菜叶，每层之间，撒些葱、姜，然后浇上点儿花椒水，借以吊味提鲜。

其好吃的关键，除食材佳美外，尚须用质量好的调味料，其比例为三份酱油、一份醋和一份半的白糖。

配好调料，徐徐注入锅中，锅置炉上，先用武火煮开，继用文火煨三个钟头，在熄火前，浇以适量的香油与南酒，即成。工序虽繁复，亦费时耗神，但一气呵成，质量均精美，诚为一款不可多得的妙味。

这次尝的酥菜，颇用心制作，盛于盘内，垒垒如山岳，其香烂味醇，咸中带甘酸，极富滋味，允称隽品，似于炎炎夏日注入一泓清泉。

关于“孔府菜”种种

位于山东曲阜的孔府，号称“天下第一家”，历经两千五百余年，传承迄今已七十九代。其能世袭“当朝一品”官衔，则始自明代。而其府里的菜，经长期不断地发展及演变，早已成为典型的官府菜，特称之为“孔府菜”。由于它具有制作精细、豪华多彩、技法全面和讲究礼仪等特点，故长久以来，始终是官府菜的首席代表。不过，目前的孔府菜已非原貌，乃20世纪70年代后期，齐鲁一些烹饪研究者，在星散的故纸堆中，努力挖掘此一文化遗产，经一番“复古”后，正式对外经营，盛誉至今不歇。

而在孔府的高档宴席里，为衬托主人“当朝一品”的身份地位，常用一品命名菜肴，如燕菜一品豆腐锅、一品海参、一品豆腐等。此外，尚有寓意深刻的珍馐，如一卵孵双凤、八仙过海闹罗汉、烧秦皇鱼骨、神仙鸭子、御笔猴头、烤花篮鳜鱼、玉带虾仁、带子上朝、诗礼银杏等，道道有典故，个个有名堂，不仅大大丰富了中国饮食文化的内涵，同时也让食者感受文化意涵，引以为莫大口福。

以往因工作之故，不克前往大陆，但我对此一美馔思念甚殷，遂找来在台北以“超时空烹饪法”自命的“天坛餐厅”，由有“台湾第一女厨师”封号的李西女士担纲，仿其故事体例，制作一席“新”孔府菜。推出之后，大受好评，曾风行一时。目前只要预订，仍可品尝此一佳味。

我身为朱子（熹）的廿一世孙，有些家学传承，加上朱子有“三代以下的孔子”之美称，亦有“万世宗师”之封号，与孔子的“万世师表”并称，誉满士林，陪祀孔庙大成殿内。而为推动台北的观光业，我亦曾担任“台北市孔庙历史城区观光再生计划”之顾问，研究并设计了一套前所未有的“儒家菜”。此菜以孔庙内所奉祀的先圣、先贤及先儒为对象，所有菜色皆与他们的背景或经历相关，并将儒家的思想和精神通过菜肴来传递、表达。在众家餐饮业者的争鸣下，肴点纷呈，美不胜收。

某回有幸参加两岸文化联谊行——“情系齐鲁”参访活动。当来到曲阜时，我与孔子后裔孔祥林先生同车，得空聊起了“孔府菜”。据他表示，曲阜城内打“孔府菜”招牌的餐馆多矣，也吃过不少，但比较到位的，只有“阙里宾舍”与“御书房”这两家。而当晚下榻的所在，即是“阙里宾舍”，晚餐和隔天的午餐，皆在这儿受用。据说会有些“孔府菜”融入其中，我闻言大悦，充满期待。

这两顿中，与正宗“孔府菜”有关的，分别是烤花篮鳜鱼、一品豆腐（包括孔门豆腐）、诗礼银杏及点心（亦充主食）类的鲁壁藏书、圣书香等。且将前三者分述如后。

烤花篮鳜鱼是孔府筵式席面上的一道传统珍贵大件菜，“篮”又写作“揽”，鳜鱼又名桂鱼，号称淡水石斑，习惯上此菜一名“在篮鱼”。其在制作时，鱼先治净，并在其腹内填虾仁、鲜贝、海参、玉兰片、火腿、鸡脯和肉膘等；接着用猪网油包裹好，再用和好的面饼封严。最后两面烤透即成。在享用之际，次第揭开面皮及网油，即可趁热而食。

此菜之妙在于明炉包烤，鱼肉不直接碰触火，保持了白嫩鲜美。店家所制作者，其腹内之料有限，鱼肉滋味略咸，虽不失细致，但美中稍嫌不足，称得上适口充肠。

一品豆腐也是道踵事增华的大菜，以整方豆腐为之，酿海参、鱼肚、冬菇、虾仁、青豆及鸡、猪之肉，修成圆形，再用旺火烧开，接着慢火蒸熟，并在其上摆“一品”二字，最后把清汤勾薄芡，浇在豆腐上即成。由于馅鲜且豆腐嫩，倒是佐酒隽品。至于孔门豆腐，则料省工简，亦别有风味。

诗礼银杏乃孔府宴席间传统大件甜菜,用银杏及蜂蜜制成。其特点为菜色红亮，银杏软绵，具有蜂蜜和桂花的浓郁香甜滋味。能在参观完孔庙东侧的诗礼堂后食之，尤饶兴味。

宋初宰相赵普自言他“以半部论语治天下”，今赴曲阜，只尝了小半套的“孔府菜”，竟能比附先贤，又何尝不是人生一乐事也?

马奶酒大有风味

文友郜莹，乃一奇女子。早在二十余年前，即独自周游神州大地、遍览名山大川，亦深入穷乡僻壤，在当时诚为壮举。有回她自内蒙古归来，赠我两瓶马奶酒，其味道完全不同，却都耐人寻味。有此不寻常际遇，便想知其所以然，于是我穷究诸史籍，总算进一步认识其前世今生。

马奶酒当然是用马奶酿成的，它出自游牧民族的创造，也是他们的传统饮品。蒙古语称之为“额速吉”或“忽迷思”，意即“熟马奶子”。它又名湩酪、马酪、马酒和七噶等，皆记载于中国古代文献中。比方说，《史记·匈奴传》指出：匈奴人得汉食物，皆弃而不用，以表示这些食物不如湩酪来得美味。唐人颜师古注《汉书》时，则称：“马酪味如酒，而饮之亦可醉，故呼马酒也。”而清人萧雄在《西疆杂述诗》中明言：“马奶可作酒，名曰七噶。”时至今日，我国北方的蒙古族、哈萨克族、柯尔克孜族等民族，依旧饮用马奶酒，并充作日常饮料。每年夏秋产奶季节，牧民家家皆有酿制，只要贵客临门，必定用此款待。

其实马奶酒尚有别名，此即“挏（音动，其意为撞击）马酒”或简称的“挏酒”。原来汉武帝在太初元年（公元前 104 年）时，将家马更名为挏马，东汉人应邵在解释“挏马”时，说明它“主乳马，取其汁挏治之，味酢可饮，因以名官也”。从此之后，历代均设有专门管理奶酪的官署，为王室供应奶酪。例如：唐代太仆寺下设典牧署；宋代太仆寺下设奶酪院；元代太仆寺下属挏马官专司其事；明代规定，每年从民间征收的马匹中，必须缴纳三十五匹乳马；清代则在京郊设置挏马群，由专人管理。凡此种种，显示了当时的帝王及贵族们，无不将马乳以及马奶酒视为强身健体的珍贵饮料。

马奶酒早期的酿制方法，是用撞挏而成。其目的在撞击马乳后，促使它加速发酵，再经搅动数下，三四日后即可饮用，色白而浊，味酸而膻，这是寻常人的喝法。而贵族们喝的，就考究得多了，需多搅个数次，七八日后再饮，由于“撞多则气清，清则不膻”，且色清而味甜，颇能引人入胜，此“益清美”的酒，特名为“黑马奶”。

到了明清时期，酿法更为简便，不用木棒撞击，而是改用手揉。萧雄的《西疆杂述诗》便自注云：“以乳盛皮袋中，手揉良久，伏于热处，逾夜即成。”目前北方牧民几乎都用手揉，既加速其时效，又具经济价值。

姑且不论以木棒撞击或用手揉，基本上都是酿制酒，酒度甚低，含有酒渣，酒味亦薄，犹如酸糟酒，此正是唐诗人高适所谓的“虏酒千盅不醉人”。自从北宋末年发明“火迫酒”，即以蒸馏法提取烧酒后，此法迅速传至游牧地区，广为牧民们接受，用来蒸馏马奶酒，“置于甑，或以锡或以木为之”，其“酒味极香洌”，含酒精度甚高，是以“饮少辄醉”，不能放量痛饮。

可以肯定的是，元代马可·波罗来中国时，途经蒙古地区，他饮了马奶酒，留下美好回忆，并在游记中写道：“鞑靼人饮马乳，其色类白葡萄酒，而其味佳，其名曰‘忽迷思’。”另，当时的许有壬，官拜中书左丞一职，其撰《马酒》诗一首，揭露边境军人嗜马奶酒成癖，对牧民无休止需索，加重他们负担，此诗沉雄有力，可当成信史读。诗云：“味似融甘露，香疑酿醴泉。新醅撞重白，绝品挹清玄。骥子饥无乳，将军醉卧毡。挏官闻汉史，鲸吸有今年。”由上观之，这两位仁兄声称的马奶酒，绝对是酿造酒。

基本上，酿制而出的马奶酒，含维生素C特丰富，除充作饮料外，亦可兼作药用。《西疆杂述诗》之注，叙其好处，谓马奶酒“其性温补,久饮不间,能返少颜”。居然可以养颜美容，不多喝他个两杯，实在对不起自己。据现代医学研究，马奶酒具有驱寒活血、舒筋、消食、补肾、健胃等功效。此外，蒙古族医者用它治疗腰腿痛、胃痛、坏血症、肺结核等症，疗效甚为显著，显然它好处多多。

比马可·波罗早一步到元帝国的鲁布鲁克，在归国之后，曾撰《鲁布鲁克东行纪》一书，因他饮过多次马奶酒，认为它的味道，“不尽为人所喜”。关于此点，我亦有过体验，有回某委员会在纪念成吉思汗诞辰时，专请郜莹提调，我亦受邀参加。祭祀的重头戏，除了烤全羊外，就是马奶酒啦！共有二十余款，烧酒类居大半，我饮了六七种，有“酒味极香”者，亦有味酸膻的，让人莫衷一是。有了这次经验，当蛇年（2013）年中我赴河北省的张北草原，入住“中都大酒店”的小蒙古包时，在该酒店有一座名列吉尼斯世界纪录的超大蒙古包，里面摆有各式各样的马奶酒，包装精致，美不胜收。本想再痛饮一番，又恐误踩地雷，闹个不好收场，只好打消念头。也许该积极些，如果饮到好酒，一定通体舒泰，不虚此行。

桑寄生茶的妙用

在香港传统的甜品店中，常见到桑寄生蛋茶一味。因名字甚奇，三十年前我初抵此间，便买一碗品品，由于其内加糖，甘甜中带涩味。它虽非适口充肠，却有滋润内脏、补血养颜之功，且不分男女老幼、身体强弱，皆适合食用。

据我后来研究，桑寄生为桑寄生科植物，为一种寄生性小灌木，常长于桑树或其他植物的枝干上，靠吸根侵入寄主的组织内，吸收其养料，供自己生长。药用部分，为其枝叶，向以广西所产者，质地最佳；而梧州出产的，特别地道，可泡茶、入药、浸酒。据《苍梧县志》云："桑寄生以入药，名独著，梧之长洲饶有之。"《百粤风土记》亦指出："酒以寄生为上，官私皆用之，梧州者佳。"是以梧人外出，常携带桑寄生若干，不但可以馈赠亲友，还可应不时之需，堪称两便。

被晋人张华誉为“苍梧竹叶青”的桑寄生，其能治病之说，广为流传。据说清道光六年（1826）时，长洲人黎勉基考中举人，吏部选他为浙江知县，其赴杭州候补，因无门路，悬宕两年，未获实缺。也是机缘凑巧，巡抚之子患了痨症，久病未愈。某太医开处方，需用梧州的桑寄生为主药，但整个杭州城，竟无此药出售。黎闻讯后，将所带桑寄生奉送，病人服罢霍然而愈。桑寄生之名号，顿时誉满省城。巡抚为酬答黎送药救子之恩，随即委派他出任昆山知县。

又，据传长洲杨桥村之关广槐，系进士出身，曾任广东罗定、钦州、嘉应州等地州官及广州知府，历任兵部主事、钦差等职。关宅之右侧，即杨桥冲口，种有十多株老桑树，其桑寄生甚盛。杨桥冲流水淙淙，所产之桑寄生尤出名，号称“响水桑寄生”，为桑寄生中之上品。关赴京上任时，闻慈禧太后苦于脾胃积滞，久治不愈，乃以此敬献，太后服罢，感觉甚佳，遂重赏关广槐。

基本上，桑寄生味涩，性平，有补肝壮肾、祛除风湿、强筋骨、速复原的效用。主治风湿骨痛，四肢麻木，高血压，妇女产后腰疼和手足冰冷等症。唯其味苦带涩，每次用量太多，以致煎得太浓，将加重其涩味，但不碍其疗效。倘因“肝肾不足”，引发腰酸背痛，不妨加肉炖服。即使煎水代茶，充作日常饮料，也可以健腰腿，迅速补充体力。

现代人饮食日趋西化，习惯饮些咖啡、牛奶或红茶，有的甚至冰饮，导致胃肠不适，发生反胃、作闷、食欲不振，甚至胃食道逆流，虽可服西药以资缓解，但若改用桑寄生煎水代服，将会具体改善，且对胃肠有益无损。

既明白桑寄生的妙用，我以后每到香港，必吃桑寄生蛋茶，古人所谓的“有病治病，无病强身”，或许即是如此。

天下有同味

秋风起兮鲇鱼美

八大山人画的鲇鱼，信手拈来，线条简单，活泼生动，韵味十足，已臻文人画的极致。诸君或许不知，这鲇鱼可是俺小时候朝思暮想的美味之一哩！

鲇鱼的别名很多，常见的有黏鱼、鲇巴郎、鲇拐、鲇仔及土鲇等。它主要特征为体长、呈纺锤形，光滑无鳞，头部扁平，腹部肥大，眼奇小，口裂宽，有须两对，体绿褐色乃至灰黑色，时见黑状斑块。性喜群居，属杂食类的淡水经济鱼类。在台湾主要分布于西部平原淡水的河湖、池塘、沟渠内，一年四季均有出产，以9—10月间最肥，质与量均上乘，全以活鱼出售。

鲇鱼最引人入胜处在于刺少肉嫩，清鲜腴美。用它来烧菜，虽各地的煮法有别，但想烧得好吃，关键在必须焯水除腥并摘卵。由于其卵大多有毒，非久煮无法破坏其毒害，故烹调时，宜以红烧、清蒸、清炖、黄焖、红扒、煨煮等旺火长时间加热的方法为之。其中，尤以红烧及黄焖最能得其精髓。因红烧者，金红光亮，香鲜柔滑，肉质酥透，肥浓有胶；而黄焖者，色泽油亮，皮滑肉嫩，汁浓如胶，鲜美香醇。

除整用外，鲇鱼尚可加工成片、丁、块、条、段及茸泥等，不论是热炒、大菜、汤羹、火锅，无一不可。其名菜极多，如陕西的茄汁鲇鱼片、河南的鲇鱼炖豆腐、湖北的小笼粉蒸鲇鱼、湖南的姜豉红扣鲇巴郎、江西的醋烧塘角鱼、安徽的青豆熘江鼠、浙江的水晶梅花饼、四川的大蒜烧鲇鱼、广东的龙衣大鳝馔等，不胜枚举。以往我所吃过的鲇鱼，以苗栗市“西山庄鲇鱼小吃店”和台北“四川吴抄手”的滋味最佳。前者用破布子提味的红烧鲇鱼食罢，再将其残汁拌店中特制的油饭吃，诱人馋涎，堪称一绝。后者配大蒜、豆瓣酱等烧制而成，鱼肉鲜嫩，蒜香浓郁，微有辣味，甚好。

中医认为鲇鱼味甘性温，有补中、益阳、利小便、疗水肿等功效，食疗价值甚高。唯民间多谓无鳞鱼有毒，不可多食，餐馆不入菜馔。另，《本草纲目》指出它能治五痔、下血并疗肛痛，宜同葱煮食。故民俗亦常以鲇鱼蒸食为疗痔单方，其效甚宏，不可等闲视之。

我后来去北京，在新川办餐厅尝到新手法的大蒜鲇鱼。这道菜在近百年前，由成都“带江草堂”的软烧子鲇演变而来，闻名遐迩。因其选用之鲇鱼，长约二十厘米，故称子鲇；而所谓软烧，即在烹鱼时，不码芡，不过油，直接放汤汁中，以微火久烧成菜。用此法烹鱼，既能使鱼肉入味，食之滋味鲜美，又能保持肉质细嫩，成菜颜色红亮，甜酸带辣，大受欢迎。此外，其能提味的秘诀，则在加切细之泡椒，有如灵光乍现，直似神来一笔。

“五柳黄鱼”沁心脾

早在十几年前,在一美食会上,当送来“五柳鱼”这道菜时,座中客突然大声嚷嚷:“这个正宗‘台菜’,已很久没吃到地道的了!”说罢,大家举筷大啖,没多久就扫光。等众人一一放下筷子,有人满意地说:“还是台菜对胃口,像这道五柳鱼,既有美好的回忆,况且还百吃不厌,真是好到不行!”我听后闷不作声,有位乖觉的仁兄接着便道:“莫非它不是台菜?!”

我打蛇随棍上,就打趣说:“这道菜确实不是真正的台菜,它早年之所以会在办桌时广受各界欢迎,应是客家人从广东带来的。不过,它起先是用鲩鱼(即草鱼),后来因此鱼太过平常,便改用嘉腊鱼为之,成为高档的酒席菜,由于其做法同出一辙,但食材却可贵可贱,当然雅俗共赏啦!”

另一吃友随之起舞:“那么五柳鱼的做法,应是创自广东啰！要不然客家人怎会捷足先登呢？”

这时我便开始讲古，举座屏息静听。相传唐肃宗乾元二年（759），“诗圣”杜甫在成都浣花溪畔结草堂定居。一日，几位朋友过访，大家吟诗唱和，个个兴高采烈，不觉到了中午，无不饥肠辘辘。恰巧正在此时，家人网一鱼归。杜甫喜出望外，连忙下厨烹制，但见他将鱼宰杀治净，随即蒸之使熟，然后加入姜、葱、笋、菇等料，均切成细丝，再勾酸甜芡汁，淋浇鱼上即成。因为味道特佳，客人无不叫好，问及此菜何名，杜甫乃答：“这鱼所用配料，五颜六色，形似柳叶，为了纪念先贤陶潜（陶渊明，曾作《五柳先生传》，故世称五柳先生），干脆就叫‘五柳鱼’吧！”从此，五柳鱼的名称便一直沿袭至今。然而，这只是齐东野语，根本不足采信。

但可确定的是，此鱼曾被收录清代《成都通览·第七册》饮食部分，以及佚名所撰的《筵款丰馐依样调鼎新录》之池鲜类中，可见清代四川已有五柳鱼这道著名的佳肴了。只是这仍不足以证明五柳鱼源自四川。因为早在明朝时，南京乌龙潭边住着一位隐士，每日在潭边五棵柳树下钓鱼取乐，自称“五柳居士”，其烹制之鱼，独树一帜，人称“五柳鱼”。

到了清朝中叶，以杭州西湖边的“五柳居”最擅长此菜，故品酒名家梁绍壬在《两般秋雨盦随笔》内，转录番禺秀才方恒泰的《西湖词》云:“小泊湖边五柳居，当筵举网得鲜鱼。味酸最爱银刀鲙，河鲤河鲂总不如。”意即此鱼乃现抓现烧，刀工极佳，要切成鱼肉丝，而且酸味明显才成。只是这种烧法，目前流行四川，叫作“五柳鱼丝”。广东的花样还真不少，除类似“五柳鱼丝”的“五柳鲩脯”外，另有“五柳松子鱼”“五柳菊花鱼”等菜肴，刀工精细，手续繁复，更胜于只在全鱼上剞斜刀的“五柳鱼”。

鉴于河鱼常带土腥味，为了保证质量，以“怎一个爽字了得”自况的“大庄”老板林二呆先生，改以黄鱼为主料，先炸至软腴酥脆，再淋上五柳酱汁，其五柳料不同于广东所用的瓜英、锦菜、红姜、白酸姜、酸荞头这五种甜酸酱菜，而是用香菇、竹笋、葱、姜、金针为之，色彩缤纷，口感极佳，加上酸得恰到好处，让人胃口全开，终至欲罢不能。林二呆早年喜搜奇石，出没于深山大川，能写一手好字，竟因特殊机缘，侧身庖厨之列。但他以艺术家之法眼及执着，已能烧出一己面目，不囿于古法，不惑于新招，平实中藏奇趣，朴拙内见精巧。这种性情中人所烧出来的独门菜色，不好好一膏馋吻，怎对得起自己的五脏庙呢?

此外，“五柳鱼”这道菜，亦名“五柳羹”或“五柳枝”，前者指其所浇淋之芡汁，一如羹状;后者则是羹之讹音。反正名异而实同，都是指同一道菜。

清炒鳝鱼极脆美

我好食鳝,多多益善。而今在江浙馆子常吃到的清炒鳝鱼、韭黄鳝糊,原本是徽州菜,讲究用“茶油爆、猪油炒、麻油浇”,因配料用的火腿屑、芫荽、蒜泥,呈红、绿、白色,加上主食材鳝鱼本身的黄、黑色,故五色咸备,卖相甚美。之所以要用热麻油浇,一方面借它本身的馨香,另一方面能激发蒜泥、芫荽的香气,实在是一款设计精奇、出人意表的美馔。

历史小说名家高阳曾说:“如今徽州菜的鳝糊,为宁波馆子所篡夺,号称‘宁式鳝糊’。”此种说法,甚为牵强。远在南宋时,杭州即有南炒鳝这道菜。上海是在清末时,才发展出清炒鳝糊一味,起初还不怎么流行,直到20世纪20年代初期,十里洋场的一些外邦菜馆每逢春季,便在清炒鳝糊中添入新上市的竹笋切丝回炒,当作节令菜来卖,居然颇受欢迎。后来业者为出奇制胜，把原先在厨房浇的热麻油，改由侍者在餐桌上为之，增加视听效果。但听嘶啦一声，油猛冒泡，然后吱吱地响，号称“响油鳝糊”。

台湾餐馆现在不用笋丝，而是用韭黄、茭白丝、夜开花（即昙花）丝等，别开生面，增添食趣。

烧制清炒鳝糊时，选用手指粗的黄鳝宰杀毕，去骨及内脏，洗净切成段。炒锅置旺火上烧热，加熟猪油，待七分热，放入鳝段不断煸炒，熟透时再加姜末、料酒、酱油、白糖烧片刻，使鳝段入味，然后加鲜汤烧沸，改用小火㸆透后，再转用旺火收汁勾糊芡，添少许熟猪油，颠翻出锅，装入汤盘内，随手用铁勺在盘中心揿（即捻，用手掌重按）一个“潭”，放少许葱花与麻油。

另，在炒锅里放点植物油（用花生油较佳），烧到冒青烟时浇在“潭”中，撒上胡椒粉，迅即上桌即成。

此菜的特点是，上席时热油还在吱吱作响，鳝肉因吸进卤汁较多，又有重芡糊裹，口味醇厚浓香，既宜下酒，又可下饭。因此，它常是江浙馆子酒席里四热炒中最先亮相的一道菜。

陕西省特一级厨师张鸿儒，除精通陕西菜外，对淮扬风味的菜肴也很拿手，清炒鳝糊即是其一。但他制作时，绝不过油，而是先用沸水略汆，然后炒制：一则去除血腥味，二则不致因过油而出现油腻感。这比起上海式的炒制方法来，更具有鳝丝软嫩、利口、风味别致的特点，颇具参考价值，亦符合养生需求。

由于鳝鱼含有大量的维生素A，并富有胶原蛋白，味鲜而营养足，有“补虚助力，善去风寒湿痹；通血脉，利筋骨”等功效。元代神医朱丹溪云：“妇人产后宜食之，善行血气，补益人。”鳝鱼以色黄而大者为胜，但它亦有缺点，就是“多食动风发疥”。我虽颇好食此，亦当量力而为，不应放量痛食，引起后遗症，将得不偿失。

“清蒸大鱼头”一绝

常听人提起：“多吃鱼头会变得聪明。”姑不论这话是真是假，在此且举一个例子，聊以印证一二。

话说有个呆子，曾听一些人说：“只要多吃鱼头，就会变得聪明。”他可不想一辈子呆下去，便跑去向鱼贩说明原委，并天天向其买鱼头来吃，连吃了三个月。有一天，他越想越不对，便问鱼贩道：“为什么我所买的鱼头，居然和整条鱼一样贵？”鱼贩立即拍拍他的头说：“看吧！你不是变聪明了吗？”这故事固然搞笑，但鱼肉尤其是鱼头内，含有大量的DHA（一种脂肪酸），有助于脑细胞的成长，却是不争的事实。难怪嘉义林家所推出的“聪明砂锅鱼头”会人气强强滚，其光华及中正二店每届夜阑时分，即蒸气直冒，香气四溢，人满为患。

就砂锅鱼头而言，杭州名菜“砂锅鱼头豆腐”的知名度最高。其中，又以西湖边清河坊的“王润兴饭店”所制尤佳，远近驰名。1934 年，《浙江商报》主笔许廑父，就曾在“王润兴饭店”里，品尝过这款美味，吃得十分惬意，以后又光顾几回。抗战初期，他到温州友人处吃饭，席上的那道“鱼头豆腐”所用的青瓷特大圆盘，竟占了八仙桌的一半，据说那条鱼净重五公斤半，鱼头则占了三分之一左右。许廑父食罢，感慨地说：“我们在杭州几次吃了‘王润兴饭店’的鱼头豆腐，以为是美味透顶、举世无双了。今天吃了温州的大鱼头豆腐，才知道天下之奇，世界之大，都有异味可尝，总算不虚此行了！”

堪与“砂锅鱼头豆腐”媲美的，则是扬州名菜“拆烩鲢鱼头”，此菜妙在鲢鱼头之骨全部拆除而鱼头完整不碎，直接取之送口，不虞鱼刺卡喉，可以放心大嚼，以汤汁醇厚、肉质肥嫩、滋味鲜美见长。这无疑是爱吃鱼又怕鱼刺卡喉者的福音。阁下若有机会前去扬州，不食此味，才真可惜。

爱吃鱼头的人不少，我亦是其中之一。不过，比起围棋高手聂卫平来，还真是小巫一个。他曾自豪地说：“一顿吃上五六只，只是小事一桩，而且越吃越没够。”因为他认为鱼头补脑，有助于自己下棋。是以他能横扫东瀛，在高手云集的围棋界里，领了多年的风骚。

大家都知鲢鱼头味美，但说真格的，鳙鱼头更妙，无怪乎有人称它为“胖头鱼”。据了解,现在广东省的顺德、中山等地,已培育出一种鳙鱼的突变种,名之为“仙骨鱼”。由于它头大、身细、尾尖、体色淡,并且鱼肉都往鱼头长去(其鱼头的重量可占全鱼的四成到六成间),望之颇有“仙风道骨”之姿,因而得名。我常在想,以台湾水产养殖技术之高超,要培养出这种好鱼,理论上应该不难,值得研究提倡。

以“老师傅的手艺”为号召的“永福楼餐厅”,创业至今已近半个世纪。其所推出的“清蒸大鱼头”,是一道很令我思之即涎垂的美味。但见鲢鱼或大青鱼头剖半清蒸后,置于白瓷盘中,面目宛然可见,旁置数片火腿,佐以笋片、葱段,造型朴雅自然,味则浓醇而鲜,肉亦肥嫩可口。吃这大鱼之头,视各人喜好,我最嗜位于眼、脑之间状如白云之膏,吃得津津有味。有时运气不佳,被眼明手快者来个先下手为强,除徒呼负负外,只得向下巴下手,免得一无所获,落个“空口而归”。

窑烤鲑鱼头至美

我特爱吃鱼头，不拘河海，但求味美。一般而言，淡水里的，独钟情于鲢鱼（俗称花鲢、黑鲢）与鳙鱼（俗称胖头鱼、大头鱼）。它们最吸引我之处，首在一打开鳃盖，喉边和鳃连接处的“胡桃肉”，其嫩有如猪脑，细腴甘美无比，其次则是颅内的脑油（粤人称鱼云），其滑其润，超过嫩烂的白木耳，一吮即入口，香绕唇齿间；而在海中游的，则偏嗜大石斑及红鲋，取其肉多而嫩，滋味愈探愈出；至于介乎两者之间的，我最爱的，首推鲑鱼，只要其头够大，不论是煮汤（包括火锅）或整个烧烤，都有可观之处。不过令我始终念念不忘的好味道，当推窑烤的，相信阁下一旦尝过，必定留下深刻印象，永植心田之中。

中国通称大马（麻）哈鱼的鲑鱼，其境内的主产地，为位于东北的黑龙江流域。鲑鱼长约六十厘米，其渔获的季节，约在每年的9、10月间。其别名甚多，不可胜数，如清初张缙彦所著《宁古塔山水记》称打不害;《黑龙江志稿》称达发哈鱼，又称果冬鱼、花鳟；吉林叫它七星鱼；辽宁则管它叫头鱼。显然东三省因地域之不同，而有不一样的称呼。不过此无关宏旨，重要的是该如何好好地享用它。

自古即生活于乌苏里江畔的赫哲族，一向赖鱼为生，鲑鱼是其重要的食用鱼之一。不仅吃其肉，并用其皮制衣、制靴、做成口袋及皮褥等日用品。张缙彦《宁古塔山水记》便记载："又有打不害，肉最美，鱼子大如梧桐子。"沙柳河"多大鱼，土人名为打不垓者是也。鱼虽多种，而此鱼独著。渔者得之，入城市往往得值"。可见鲑鱼早在三四百年前，即是名贵的经济鱼类了。

另，《清稗类钞》亦载有："岁八月（指农历，即阳历9、10月间），达发哈自海入江，积数至众，……宁古塔、黑龙江土人每取鱼炙腊，积以为粮。"书中的土人，指的是捕鱼高手赫哲族人。至于他们吃鲑鱼的方法，除了炙（即燎烧鱼片，名"达勒格切"，把活鱼肉剔下来，横切成薄片，片片皆连，然后从一端串上木签，于旺火上燎烧至半熟，再切成小段，蘸醋、盐、辣椒油吃）与腊外，尚有直接生食鱼片（当地人称"拉铺特克"）、冻鱼片（俗称"鱼刨花"）及赫哲人叫"他勒卡"的拌菜生鱼等多种。此拌菜生鱼之做法为：将鲜鱼肉剔下，横切成细丝，再拌以氽烫约八分熟的马铃薯丝、粉丝、绿豆芽、菠菜、白菜心丝、葱花、醋、盐等，吃时再依个人需要，拌上油炸辣椒。此菜为客至必备及佐酒之佳肴，客人既至而未备办，即属怠慢不敬之举。

此外，鱼头尤非等闲，必须献给长者，以示隆重之意。

鲑鱼头之胶质及脆骨，识货者每欲先尝为快。无奈用煮的（包括日式的石狩锅）、直接烤或裹锡纸烤的熏的，都无法完全领略其美，只有位于台北丽水街的“天坛”，居然用窑烤的（需三小时），才能酥糯香脆，略带弹爽咬劲儿，其尤觉可贵者，竟然全部吃光，丁点也不浪费，实在棒得可以。又，搭配此一妙品，当以店家清爽可口、微酸带甘的醋熘高丽菜最宜，滋味互济，相辅相成，不亦乐乎！然而，此一窑烤鲑鱼头颇费功夫，阁下若未预订，铁定扑空，扼腕而归。

一品加持南乳肉

以腐乳汁入馔，其由来已久矣，而今蔚然成时尚，倒也出人意表，且其食法多变，令人欢喜无限。

“南乳肉”这道江浙地区的传统名菜，在台湾通称为“腐乳肉”，其手法源自上海本邦菜名店“德兴馆”，现应以永和的“上海小馆”最擅制作，名闻遐迩，食客如织。

此肉赫赫有名，以往冠以“一品”，让人不明所以。原来它与南宋时官居一品的贾似道有关，致使这道原本不登大雅之堂的家乡菜，竟能行诸久远，流传至今不歇。贾似道本为纨绔浮华子弟，不学无术。其秉政时，历经理宗、度宗、恭帝三帝，独揽朝纲，置国家“危亡之祸，近在旦夕”而不顾，大举兴建豪宅华墅，成天冶游，玩斗蟋蟀。忠臣志士斥责他“踏青泛绿，不思闾巷之萧条;醉醲饱鲜,惶恤物价之腾贵”。百姓为了泄愤，乃将其一品官衔，径加于家乡味的南乳肉之上，以示其为行尸走肉及恨不得食其肉、寝其皮之意。后人有诗云：“权相误国唾千古，乡菜传世称一品。”即讲此事。

而这位历史上少见的专权误国、荒唐透顶之奸相，其末路又如何，似有探究必要。当元军沿长江南下，不修武事的他，被迫出兵御敌，大败于鲁港，不久被革职放逐。待来到漳州的木棉庵，为押送人郑虎臣所杀。今木棉庵外土坡上，尚立有石碑二道，皆书“郑虎臣诛贾似道于此”。一位大臣，即使犯了罪，照理说押送人无权擅杀，尽管郑虎臣说他是“为天下诛贾似道”，但当时乱得一塌糊涂，没人有工夫追究，也就不了了之。贾似道下场如此，在“太师”级大员里，还真是凤毛麟角，算得上奇闻一桩。

我曾和“上海小馆”的老板冯兆霖夫妇，一起去上海的“德兴馆”品尝这道菜的本尊。其做法是将一整方五花肉先行煮熟，淋上腐乳汁，上笼屉蒸透，平铺在下垫青菜的瓷盘上，浇些麻油即成。成菜肉赤菜翠，红绿相衬，肉酥糜而不腻，菜脆嫩而爽口，香气浓郁，咸鲜够味。

然而，冯老板所制作者异于是。他先将肉略煮过，再行油炸，接着上汁，整方肉蒸。将蒸好的肉置大白盘内，以炒过之花椰菜或青江菜环绕其外。食前先切片，用荷叶夹（即割包、刈包）取食。肉软嫩且弹，菜翠绿适口，真是好滋味，难怪人塞爆饭馆。

基本上，豆腐乳有红色的丁方、淡黄色的醉方、青灰色的青方和棋子般大小的棋方，皆质细香糯，醇和爽口。制作腐（南）乳肉时，当然用红腐乳，才会鲜艳好看。粤菜的“南乳排骨”，或近二十年来流行于台湾南部的“腐乳鸡”，用的则是黄腐乳，其原因亦无他，针对卖相而已。只是豆腐乳含钠量偏高，高血压患者不宜多食。

神奇马肉好滋味

小时候读章回小说，每看到城被围困时，城内缺水乏粮，必杀战马而食。马儿真是不幸，除供骑驮之外，还得冲锋陷阵，最后仍难逃非命。不过，先民早就食马，据考古发掘，新石器仰韶文化时期，已发现了食马的遗存，而且它与牛、羊、猪、鸡、犬等，同样列入六畜，供贵族们食用。只是老马之肉偏酸，据了解乃是它们在长期、大强度劳役时，肌肉中积聚过量乳酸，有以致之。是以如非必要，人们绝不杀生，充作席上之珍。

事实上，不论古今中外，皆有饲养肉马，专供人们食用，满足口腹之欲。且就中国言之，《东观汉记》载有“马醢”（即马肉酱）；成书于北魏的《齐民要术》，亦提及以马制作“辟肉”之法。时至今日，厨师烹制马肉，通常采用长时间加热的炖、煮、卤、酱、红烧等法；亦会先行白灼后，再以拌、炒、烩、爆等方式烧制。也有人别出心裁，以烤、熏、涮或腌、腊等手法成菜，亦甚可口，滋味浓郁。在此需声明的是，就如同羊肉有羊膻气、鱼肉有鱼腥味一般，马肉亦有其独特气味，幸好味道不重，是以在烹调时，适量加些陈皮、豆蔻或砂仁等，即能彻底除去，变得清香可口，一旦送进嘴里，通常欲罢不能。

近世中国的马肉美食，以桂林的马肉米粉最为知名，是一道响遍西南的广西风味小品。

桂林有几样土特产扬名天下，其豆腐乳、三花酒、米粉、马蹄(即荸荠)等均是。而桂林出产的米粉，比起广东或福建的，都要来得粗些，妙在清中有爽。它与广西西部山区以负重闻名的“广马”，一经厨师的搭配组合，形成这味令人百吃不厌的马肉米粉，其佳店甚多，尤受人们欢迎者，是“又益轩”及“会仙楼”。

马肉米粉的主料为米粉，配料则是马肉和马下水(即内脏)。考究的店家，会将配料先用盐和硝腌过，再贮放于缸内，经过三个月，就可以享用。此肉松软香脆，将它切成薄片，平铺在米粉上，随即添入卤汁，味道相当诱人。其高汤以马骨熬成，浓郁醇香鲜美，米粉下在汤内，随着粉勺捞起，带些汤汁入碗，并且拌匀配料，务使汤味更鲜清隽美，手法类似台南的担仔面，有异曲同工之妙。当地的行话为：“吃马肉米粉不重在吃米粉，而在吃马肉；又不重在吃马肉，而在饮马肉汤。”看来担仔面亦然。

香港饮食作家万尝先生，久慕马肉米粉之名，一到桂林之后，马上前往品尝，再述其初体验，写得轻松有趣，读来亲切有味。他写道——坐下来面对锅炉，伙计问我要吃多少碗，登时把我吓得一跳。吃米粉通常一碗起两碗止，哪有一口气先要多少碗的道理，后来发现旁边的客人要了二十碗，自己又怎好不回话，可是又何敢造次，于是折中要了十二碗。焯粉的先来一碗给隔壁，放眼看去，不过是小饭碗大小，仅可容米粉一箸，上面加了三片鲜红熟马肉。我以为第二碗该轮到我了，怎知又是他，下去第三碗也是他。这时我才埋下头来，抢吃前面那碗南乳（即豆腐乳）花生，据说南乳花生可解马肉的“毒”，究竟马肉毒在哪里，天晓得，就当自己先吃预防剂吧！这种连珠炮式吃法倒非常有趣，只要朝口里一扒，马肉连米粉就吃得干干净净，焯粉的好像看清楚我的速度，配合得很，不致把我当填鸭来填，吃到一半，我觉得分量不足，还要再加十二碗，结果一共吃了二十四碗。

遥想四十年前，我初尝“度小月”的台南担仔面，场景情境雷同，都是碗小量少，面条一捞而食，连吃个十来碗，感觉稀松平常，简直小事一桩。

日本人吃马肉，其由来亦甚久。早在江户时代，杀生会犯戒律，但上面有政策，下面则有对策，人们食用肉类，都得使用隐语，大伙儿心照不宣。比方说，猪肉之色泽一如牡丹般淡白雅致，故称“牡丹”；鹿肉之色泽极像枫叶般的艳红，故名“枫叶”；至于白里透红的马肉，则称之为“樱花”。是以诸君来到日本料理店，见到“樱锅”字样，千万别以为锅内放了樱花，而是如假包换、饶富食味的马肉寿喜烧哩！

当下日本最嗜食马肉的地方，首推熊本市。不但街上的马肉馆林立，而且已到“无马不成席”的地步，马肉刺身特别抢手，想要吃到上品，得不惜腰中钱。而其名贵者，乃年方两三岁小马的背部，其次为里脊肉。因一匹小马背部的肉，只有两公斤左右能做刺身，是以本身所饲养的肉马，早就不敷所需，每年还得从中国和阿根廷等地大量进口。

熊本的马肉刺身，其味美到底如何？我曾见一则笔记写得洋洋洒洒。原来有位仁兄，曾到该地出游，意外参加宴席，望见席上有一大盘生的“樱花肉”，乳白色的脂肪，镶嵌在瘦肉中，红白层次分明，宛如初绽的樱花。来客非比等闲，吃过河豚生鱼片，主人便请他试味。客人欣然从命，夹了其中一片，略蘸碟内酱油，再抹上点芥末，马上送进口中，顿觉鲜嫩可口，真正无上美味。客人还夸张地表示，其滋味非但在金枪鱼的腹肉

（即 TORO）之上，而且嫩度更胜于上等和牛。我在二十年前，曾在台北的“吉田日本料理店”尝过马肉刺身，肉质确实嫩滑，加上腴润适口，食罢至今难忘，一直津津乐道。

讲句实在话，马肉的纤维较粗，结构不似牛肉紧密，但其肌间含有糖分，吃口回甜讨喜，亦因而易孳生致病的微生物，故不鼓励生食。比较起来，“樱锅”就值得推荐多了，毕竟它虽是熟食，但嫩度依旧在，值得细品慢尝。

在此且举东京专卖马肉料理的“中江”为例，它位于日本堤，招牌即为“樱锅”。店家之烧法为：“锅内置有祖传配方的味噌配料，以细小火候烹煮，轻筷搅拌。待马肉变色之前，即可取而食之，入口前蘸润蛋汁食用。马肉食终之际，置青菜与其他食材于锅底，熟毕即可享用，美味顺口。最后留残锅汁、剩余蛋汁相混后，搅拌入饭内，滑溜醇香，这正是‘樱锅’的最后一道精华，美食的终极品尝。”尽管说得天花乱坠，但属老王卖瓜者流，终究是重口味料理，较难品出马肉特有的滋味。又，店中的“樱锅”，依其食材、价位，尚可分为马肉锅、里脊马肉锅及霜降马肉锅三种，客人可依喜好及荷包任选。

另，日人料理马肉的方式，与牛、猪之肉，无太大分别。除以上二者外，还有涮涮锅、铁板烧及煎肉排、天妇罗、串炸肉饼、可乐饼等花样，种类虽称繁多，但万变不离其宗，烹饪思维受限，可谓技止此耳。

韩国堪称后起之秀，在济州岛大量养殖肉马，其烧法师承日本，以刺身、寿喜烧、涮涮锅、铁板烧及煎肉排为大宗，亦师法越南，将其生牛肉河粉，改成生马肉拉面或置生、熟马肉片于荞麦面之上，再做成传统冷面享用，也算别开生面。

清代名医王士雄在《随息居饮食谱》中指出：马肉“辛、苦、冷，有毒。食杏仁或饮芦根汁解之。其肝，食之杀人”。观其文义，似无好处，其实不然。经分析比对后，马肉营养丰富，属高蛋白低脂肪食材；其含铁量之多，仅次于猪肝。加上马肉的精瘦肉比例高，肉质亦佳，况且它又具有扩充血管、降低血压、溶解胆固醇及促进血液循环等功效，如能长期食用，将可防治动脉硬化并缓解高血压等症，有益人体健康。

当下中医普遍认为，马肉味甘酸性寒，能收除热下气、长筋骨、强腰脊及强志轻身之功，且治筋骨挛急疼痛、腰膝酸软无力等症，实属上佳食品。马肉我吃得不多，早就有心赶进度，一旦驰骋奔腾，先赴桂林，悠游熊本，接着赴大西北，吃卤、酱的马肉，而且食法全面，连马肉制作的火腿、香肠或灌肠等，一个都不放过。然后鼓腹而行，大呼得其所哉！

烧鹅味美长相思

香港招牌美味之一的烧鹅，一向与烧乳猪齐名。很多饕客到了香港，如未尝到够水平的烧鹅，必恍然若有所失。不过，香港的烧鹅水平日趋下降，倒也是不争的事实。

香港中环的“镛记酒家”及深井附近的那几家，如“林记”“熊记”“陈记”等，均曾独领风骚一时。“镛记”烧鹅以选料精、火候足而名扬寰宇。早年的观光客，在店里吃不过瘾，还要带一只在飞机上解馋，或携回与亲友共享，故有“飞机烧鹅”之誉。后者则因数十年前，附近水草丰美，鹅只质量均佳，吸引不少知味识味人士，蔚然成一股烧鹅风潮。而今，两者俱已矣！为何如此说呢？原来“镛记”的名号太响，中环附近公司、行号的重量级人士，都会预订，尤其是鹅腿（脾）部分，由于精华已失，自然吸引不了食家；而深井的原养殖区，如今已是生力啤酒厂，食材来源已断，全由内地供应，一般是冰鲜货，其味可想而知。这两处各家，我则因缘际会，早年均已遍尝，而今提不起兴致再去，以免浪费赴港的宝贵时光。

记得有一回在湾仔谢斐道的“双喜烧腊店”，我意外尝到上好的烧鹅，剁下其双腿并烧肉回下榻饭店，搭配青岛瓶装啤酒共尝，其味绝美，印象极佳，显然耳食不如亲尝，要吃到嘴里而觉其味美，那才算是真正的好。

源自浙江宁波的“明州大烧鹅”，一直是广东的传统名菜，用整鹅烧烤而成。而所用之鹅，以新会县所产的鹅最优，黑鬃状绒毛，体形适中，肉厚骨小，既腴且美。清德宗光绪年间，南海人胡子晋的《广州竹枝词》云：“挂炉烤鸭美而香，却胜烧鹅说古冈（即新会县）。燕瘦环肥各佳妙，君休偏重‘便宜坊’（即北京著名的烤鸭店，与“全聚德”并称）。”意即北京“便宜坊”的烤鸭固然美而香，但新会的烧鹅亦有佳妙之处，是以相提并论。

以往广东的烧鹅分叉烧法及挂炉烤法。烤法不同，食法亦有别。前者系以铁叉架于炭炉上烤熟，烤时先以旺火烤头尾，后烤胸腹，频频转动，以皮色大红、刚熟为佳。上席之际，先片皮二十四块（不带肉），夹千层饼而食，余下之骨肉，再以热油炸至熟透，斩成小块，装盘上席，实为一鹅二吃。后者则入炉先烤背部，待色红转烤腹部，烤至鹅眼凸出，皮色橙红，鹅体流出汁液，不见血色为止。食时连皮带肉斩成小块，装盘即成。

两种烤法最大的相同处在刀工，其切成小块后，均须皮、骨、肉连而不脱，入口即离，方称上品。

来自香江的梁师傅在淡水老街开了家烧腊店，在他的主理下，早就有口皆碑。其烧鹅确非凡品，不仅色泽金红光亮，肉体饱满，腹含卤汁，油脂盈润，而且皮脆酥香，肉滑鲜美，骨软香浓，令人百吃不厌。早年风行一时，现则不再供应，好食此味的我，只能望风怀想，暗自嗟悼不已。

2013 年 8 月，英国女王的天鹅，居然被人炙烤吞肚，引起轩然大波，英警还得缉凶，实在有些夸张。这种野生疣鼻天鹅，曾是英国上等佳肴，但盗杀火烤之人，只割下鹅胸肉，就地生火烤食，手法实在粗糙，即使是上等食材，如此急就章，味道必大打折扣。又，西方人贪爱胸肉，只为其食法简单，不会啃骨及吸髓，这比起广东烧鹅之全身皆可品享，相去实不啻万里。此则“王室天鹅”事件，一经媒体大幅报道，几乎尽人皆知，于是引发我的感慨，信笔写来。

炉烤鸭风味甚好

据报载：北京市环保部门为了整顿 2008 年奥运会期间的市容，建议逐步取消明炉烤鸭，传统烤鸭名店“全聚德”的因应措施，则是改用电炉烤鸭。从此之后，北京的饕客们很难吃到以枣木、梨木或桃木等烤制的烤鸭了。

传统的烤鸭可分成叉烤、明炉、暗炉这几种，用电炉来烤，算是新兴的食法。然而，在烤鸭史上最新奇的烤法，居然是用太阳能进行炙烤，颇具成效，风味亦佳。这个绝妙的点子，乃师法有名的科学家阿基米德。

公元前 214 年，罗马大军攻打叙拉古（在西西里东岸）。阿基米德看到来犯的庞大舰队时，突发奇想，要求主事者号召妇女们拿出镜子，组成“镜阵”，用此对准敌舰，结果罗马的舰队竟被镜子反射出的阳光烧成一片火海。迎头痛击，莫此为甚，难怪战果辉煌。

1894年时，中日甲午战争爆发在即。有位名叫萧开泰的学者，曾向总理衙门建议，以镜子的反光焚烧日舰。据他的计算，制造好一块近三平方米、厚约三分之一米的巨镜，把太阳光反射到敌舰上，虽远在三十里外，敌舰亦会烧成灰烬，获致一定战果。

此计划甫一提出，即遭人们耻笑，认为是异想天开。

萧开泰为了印证其可行性，便以自行设计的镜子去烤鸭。事实上亦证明，用这奇法所烤出来的鸭子，与用炉子烤的鸭相比，无论在色泽或滋味上，殊无二致，而且清洁、无污染，蛮合乎环保的。我虽不敢担保萧开泰是第一个利用太阳能烹制美食的人，但他绝对是先驱者之一。

用电炉来烤鸭，手法近于暗炉（即焖炉）。焖炉烤鸭的最大特色，在于纯依赖炉内的温度烘烤，中间不启炉门。而在烤制的过程中，非但不再加热，且炉中温度系逐渐下降，火力均匀、缓慢，整只鸭子受热的机会均等，由于炉温逐步冷却，鸭体内的脂肪不易流失，是以鸭皮保持酥脆，鸭肉饱满极嫩，几乎一咬而汁流，肥嫩鲜美无渣。过去，焖炉先用秫秸烧热，后来改用煤气，现以电力为之，在温度的控制上已更为省事，易得心应手。

烤鸭片皮的技术来自南京，此即所谓的“金陵片皮鸭”。依我个人在港（指老字号的“北京酒楼”）、台两地吃烤鸭的经验，片皮之法，必先片一层皮，接着吃带皮的肉，然后再食片下来的肉。第一层的皮，考究的人直接尝原味，体会其酥爽而脆；接下来的带皮肉或纯肉，则以荷叶饼铺平，抹层甜面酱，包裹大葱片或黄瓜条而食，馨香腴美，无以上之。

台北“晶华轩”的烤鸭，即以电炉为之。鸭选得还不错，只只壮硕肥美。成品黄明透亮，身肥膘足脂润，外皮堪称酥脆，肉质十分鲜嫩，肥瘦比例得当，同时不柴不腻，别有一番食趣。可惜比起正宗的北京老店“便宜坊”来，片工不过尔尔，尚有成长空间。

《燕京杂记》曾谓：“京师美馔，莫妙于鸭，而炙者尤佳，其贵有至千余钱一头。”又，值银一两余的烤鸭，当时为筵席的上馔。“晶华轩”的烤鸭，其价自然不菲，但在其洞天福地、颇富书卷气息的氛围里享用，亦为人生一快事。《清稗类钞》亦指出：“若夫小酌，则视客所嗜，各点一肴，如……‘便宜坊’之烧鸭……皆适口之品也。”就我个人而言，三五好友小聚，最能吃得身心满意者，则非在此或“便宜坊”的包厢内，饱食烤鸭三吃莫属。

神秘果特异功能

在我尝过的鲜果中，觉得滋味最特别的，莫过于有“水果至宝”之称的神秘果了。此果神奇莫测，绝非调和五味，而是独沽一味，同时化成甜味。且它非一味地甜，反而是吃了它后，再吃其他的各味，居然全变成甜味，有人形容是“甜压五味”，倒也蛮名副其实。

人的舌头上分布着许多专司味觉的味蕾，食物一旦入口，便靠着它分辨，究其酸甜苦辣咸。如其功能消失，原本有滋有味，也就不复存在，即使佳酿珍馔，在吃进嘴里后，只会感到平常，一切乏善可陈。

西非（加纳、刚果一带）的热带雨林内，原生一种奇特果实，能像变魔术般，改变味觉功能，尝了这种果子，再吃别的东西，只有甜的味觉。将醋送到口中，非但不觉其酸，反而更加甜美；

而苦口的良药，竟然摇身一变，有股甜丝丝的味道，可以甘之若饴。总之，原本的味道面目全非，全世界因而甜美，只能说是福气啦！

神秘果树属热带山榄科常绿灌木，树高一至三米，叶子卵形，花为白色，果实椭圆形，成熟后鲜红色。其浆果多汁，果肉微甜，内有粗大种子。由于它在非洲一年四季都能开花结果，故当地人亦称之为“四季花果”。

此果何以能改变味觉？千百年来始终是个谜。经过多年探索，人们终于揭开面纱，了解其中奥秘。原来神秘果内含有一种名叫“密拉柯灵”（Miraculin）的糖蛋白，该物质本身并不甜，却对味觉能起极强作用，即使仅二微克（微克为克的百万分之一），就能维持三小时左右的甜味感觉。在这段时间里，任何食物入口，都会有股甜味，仿佛琼浆玉露，对酸的食物尤其有效，转眼之间，甘甜无比。

近些年来，国外科学家们正在抓紧研究，试图从中提取元素，充作食品或药品的矫味剂，能助食变味，现已制成锭，在服药之前，能先用一点，即化苦为甜。另，对糖尿病患者而言，只消吃一些神秘果，既可满足食甜的欲望，又不增加胰岛负担，实为一大美事，值得大力推广。

神秘果因具有开发前景，非洲各国无不大批种植。我国的海南岛及云贵高原也已引种，台湾地区则在高、屏一带广为栽培。约在十年之前，我赴高雄冈山出差，吃罢羊肉炉后，同事带我去致远路尝鲜。我屡试神秘果的魔力而不爽，惊讶不止，乃携回一大包，在家人和朋友面前献宝，大家无不啧啧称奇，许为特异之果。

严独鹤特爱豆苗

本名桢、字子材、号知我的严独鹤，曾担任上海《新闻报》副刊主编、副总编辑，为了纵论时事，以“独鹤”为笔名，遂以此享大名，成为近代著名的报人、小说家。

当他身为记者时，某次趁跑新闻之便，探访一位写现代诗的朋友，正巧那位朋友外出，严也没什么要紧事，便在房里随处逛逛，借以打发无聊辰光。

逛到书房后，他发现书桌上有一首未完稿的白话诗，标题为“咏石榴花”，当中的一句写着：“愈开愈红的石榴花，红得不能再红了。”

严独鹤觉得好笑，提笔续写了两句：“愈作愈白的白话诗，白得不能再白了。”信手拈来之举，成为文坛趣闻。

严乃浙江桐乡人，他与苏州的周瘦鹃皆精饮馔。当他们分别任职《新闻报》和《申报》时，上海报界人士有一个聚餐会，称之为“狼虎会”，意即参加这个聚餐会的人，不妨狼吞虎咽，放量大嚼。严、周两位先生，人缘皆极佳，素有“好好先生”之誉，可是吃起菜来，绝对不甘人后，而且对菜肴的品评，讲得头头是道，让人心悦诚服。有趣的是，两君吃遍大江南北的珍馐，却对豆苗情有独钟，凡遇文酒之会，两人竞食此菜，一旦豆苗上桌，就会风卷残云，一扫而空，并说豆苗有百吃不厌之妙。精通医理、药学的已故食家陈存仁，亲见他们两人曾连尽数碟，谈笑风生，食罢津津，只得叹为观止。

其实，豆苗就是豌豆的嫩茎和嫩叶，一名豌豆尖，质地柔嫩细腴，华人食此，由来已久。《诗经》中的“采薇采薇，薇亦作止”，即是明证。它亦称巢菜，《云麓漫钞》即云：“汉东人以豌豆苗为菜……号巢菜。”苏东坡又名它为“元修菜”，作《元修菜》诗，有句云：“此物独妩媚，终年系余胸。”长期宦游四川的陆游，则在他的诗《巢菜》序中说：“蜀蔬有两巢：大巢，豌豆之不实者；小巢，生稻畦中，东坡所赋元修菜是也，吴中绝多，名漂摇草，一名野蚕豆，但人不知取食耳。予小舟过梅市得之，始以作羹，……”

以豆苗做羹汤，我甚喜将豆苗三五茎，浮在火腿汤上，望之好似水中浮萍，红绿相映，清新可喜。

《植物名实图考长编》上说：“豌豆尖作蔬极美，……能去湿解毒。”清炒豆苗，原为菜馆中的隽品，其价较昂，需摘取最嫩幼苗，在沸油中略略拌炒数下，趁热进食，味胜荤腥。如搭配虾仁炒食，滋味极鲜，色相甚美；亦可与切片之笋同炒，味甚清隽爽口。我亦爱在吃火锅之际，加豆苗一盆，随时烫吃，其鲜其嫩，无与伦比。

此外，豆苗性质清凉。俗话说：“鱼生火，肉生痰。”而在品尝大鱼大肉的同时，用它来过个口，不啻炎夏中的一剂清凉散。严独鹤和周瘦鹃深谙个中三昧，不愧为地地道道的美食家。

小笼汤包成显学

我幼年初尝台湾“三六九”的小笼汤包时，即对其皮薄、馅嫩、汤鲜的特色，留下极深刻的印象。其后也常吃其一脉相承如“鼎泰丰”“极品轩”的小笼汤包，风味各具特色，它们迄今仍居小笼汤包的崇隆地位，名满天下，有口皆碑，尤以前者为甚。犹记得当年我在金华中学旁教授面相、书法并批讲紫微斗数时，除了自己吃遍永康、丽水、临沂等街各餐馆、小吃摊外，也常带着学生、同好四下觅食。此道理很简单，饶是我的食量惊人，吃的种类毕竟有限，只有发挥群体战力，才能逐渐窥其堂奥。其中的“高记”，我吃了不下二十次，店里的肴点几乎全尝过，回味起来，又以小笼汤包及重酥蟹壳黄的滋味最棒。只是而今的“高记”虽分店广设，却已非旧时味，令我不胜唏嘘。

已故散文大家梁实秋曾撰文指出："包子算得什么，何地无之？但是风味各有不同。上海'沈大成''北万馨''五芳斋'所供应的早点汤包，是令人难忘的一种。包子小，小到只好一口一个，但是每个都包得俏式，有卖相。"而且"包子皮是烫面的，比烫面饺的面还要硬一点，否则包不住汤。那汤原是肉汁冻子，打进肉皮一起煮成的，所以才会凝结成为包子馅。汤里面可以看得见一些碎肉渣子"。不过，他老人家似乎对汤包的评价不高，认为"这样的汤，味道不会太好。我不懂，要喝汤为什么一定要灌在包子里然后喝"。事实上，梁老上述的看法，与目前的主流观点似乎有些出入，我亦不能认同。

若要穷究其本源，小笼汤包的历史，可追溯至南宋时。此时首都临安（即今杭州）的市面上，已出现"包子酒店"（见宋人吴自牧《梦粱录·酒肆》），专卖灌浆馒头、虾肉包子等，说明当时已有"灌汤'浆'包子"了。直到清代乾、嘉之后，汤包大行天下，其名品有三，分别为扬州的灌肉汤包、南方的小笼馒首（江南人向来称包子为馒头或馒首）和天津的狗不理包子。而今台湾脍炙人口的小笼汤包，其制法出自上海的"翔式馒头"（即南翔小馒头），此后另辟蹊径，现已扬眉吐气，超越上海本尊。

"翔式馒头"原是上海市嘉定县（今嘉定区）南翔镇的传统名点。20世纪初，镇上人氏关某，选在上海城隍庙九曲桥畔开设点心铺，取名“长兴楼”，专门供应小笼馒头，由于生意兴隆，遂成为城隍庙一带的特色点心之一。各面铺见状，无不竞相仿制，于是遍及全市，成为热门名点，吸引着来自四面八方的食客。

“文革”之后，对饮馔研究极精的史学大师唐振常表示:“小笼汤包，今天上海还是遍处都有，许多大饭店亦兼售。然求其皮薄汁多，入口一包热汤，难了。多是咬之而皮不破，入口有肉而无汤，肉亦嚼不烂。”准此以观，上海因“向下沉沦”之故，不得不让台北独领风骚，进而享誉全球。不过，近些年来，拜改革开放之赐，上海的南翔小笼馒头声势复振，亦非吴下阿蒙了。

“苏杭点心店”的手艺，源自“高记”，有其早年水平。当本店初张时，其小笼包手捏褶纹清晰，皮薄馅多卤足，成品半透明状，上口一汪汤汁，味道果然非凡。另，店家清早始售的古上海汤包，虽已失其故味，但与凡品比较，终究独树一帜，算是别有风味。

讲句实在话，台湾业者富有创意，除早年以猪皮子、猪肉和鸡爪冻猪肉为馅的小笼包外，其内馅已跨越地域与时空。素的有搭配丝瓜、九层塔及松茸、黑松露、巧克力等馅的精品，荤的甚至搭配鹅肝、鸭肝。其手法之多元、品类档次之高，早就出人意表，让人啧啧称奇。看来它已找到了新天地，充满着无限可能。

拉面食味有万千

而今拜“哈日风”之赐，日式拉面馆一再地开，席卷台湾街头，火红至今不歇。换个角度来看，当初拉面在日本大行其道时，每家拉面馆亦搭上流行风，纷纷以“中华拉面”为号召，吸引大量人潮。这种奇异景象，也算食林一绝。

第一种记载拉面制法的著作，为成书于明孝宗弘治十七年（1504）的宋诩《宋氏养生部》。只不过它起初的名字叫“撦面”（即扯面），后来称“抻面”，最后才是今日通称的“拉面”。又因其起源于今山东省烟台市的福山区，故又叫“福山大面”。而它之所以流行于东瀛，则和明末浙东学派大儒朱舜水有关。

朱氏于明亡后，举兵抗清失利，乃东渡日本求援，乞师既不成，遂留下讲学，弘扬阳明学说，日人尊为国师。依目前日本新横滨（在横滨附近）“拉面博物馆”内的资料来看，拉面确实是他带去日本的，有“水户拉面”之称。

“拉面博物馆”将日本的拉面按口味分成横滨、喜多方、博德及札幌这四款。其中发源于横滨中华街的横滨拉面，口味最接近中国汤面，以叉烧肉厚、红烧入味著称；博德又名福冈，位于北九州岛，其面汤以猪大骨熬成，与细爽的拉面均呈乳白色，其上再撒些白芝麻，并佐以红色的咸菜，有的再加半个熏蛋，红白交错，挺有味儿。最让人印象深刻的，则是北海道札幌拉面，以面汤鲜醇浓郁、面条粗韧有劲儿见长，盛器甚为别致，用当地特制的陶碗盛奉，洋溢着北国粗犷的气息，面码儿尤其丰富，除了蛤蜊、乌贼、海虾、蟹块外，尚有下垫紫菜的云丹（即海胆卵）及一段甜玉米，其妙在大快朵颐之后，犹觉齿颊留芳。

制作拉面时，整治好面团，即置案板上，接着再揉匀，搓成粗长条状面坯。双手握住拉面两端，提起在案板上摔打，并顺势甩拉变长，然后把两端面头交在一只手内，另一手握住已对折的一端面头，再上下抖动左右抻拉变长。在这样不断地对折抻拉下，每对折一次称为一“扣”，面条愈抻愈细，一般拉六至七扣，即是常见的拉面。八扣是做盘丝饼用的“一窝丝”，九扣以上则为“龙须面”，考究的用法，须十一扣才算数。至于炸龙须面，它一直是鲁（山东）菜及豫（河南）菜筵席上的美味，其细如须，甜脆酥香。

拉面的形状有圆条、扁条及三棱条之分。以上所列举的，均是指圆条形，也是基本方法。扁条是于第一次抻拉前，将圆柱状面坯放在案板上压扁；三棱条是用指甲按成三棱形，再行抻拉即成。当下盛行的兰州拉面，这三种形状皆有。此外，还有宽扁条形，另称它为“皮带”。

日式拉面重视汤头，山东式的拉面讲究浇卤，其浇卤有羊肉、牛肉、猪肉、三鲜、虾仁、什锦、麻酱汁、鱼片、打卤、海鲜炒码儿等风味，另有炸酱、木须、酸辣等口味，亦可制作为凉面。这可比东瀛仅盐、酱油与味噌这三种基本味型来，显得丰富而多样化。

好吃的拉面，除汤头及浇卤要好外，面条讲究滑润、利口、带劲儿，唯有达此水平，始能令人食指大动，回味无穷。

食积胃呆宜金糕

我天生好吃，在三十年前，便组美食会，到处品佳味。当时，以京点为号召的“京兆尹”初张，大伙儿每次吃完大餐，必来此尝点心，讨论下回由谁做东，并点些自己爱吃的玩意儿。饭量极大的我，于饱餐一顿后，最思一品金糕，其果香饱满、酸中带甜的滋味，常令我神魂颠倒，一入口就难罢休。

金糕又名“京糕”，俗称“山楂糕”，已有数百年光景，据说“金糕”此名，出自皇家所赐，现成京师名食。

此糕的主食材为山楂，它又名山查，北方称为红果，主产于山东等地，产量极大，农历七月上市，远销各地。其根、茎、叶及籽等，均可供药用，各有疗效。不过，运用最广者为果实，不但可制成金糕、果浆、山楂片、山楂酱、果丹皮等，同时还是糖葫芦中不可或缺的妙品，即使是制作酸梅汤，也得靠它提味，增添养分及口感。

关于北京的山楂，据清人潘荣陛在《帝京岁时纪胜》“七月时品”内的记载:“山楂种二，京产者小而甜，外来者大而酸，可以捣糕，可糖食。”时至今日，北京郊区种植的山楂有五种：山楂、野山楂、湖北山楂、甘肃山楂和阿尔泰山楂。后三种都是引种的。其大果的变种，果实特大，长二厘米余，已成主要栽培的品种，分布在怀柔、密云、延庆和门头沟等区县。

山楂的疗效非常，除了《本草纲目》上说的“化饮食，消肉积”外，尚可“醒脾气，散结消胀，解酒化痰，除疳积，已泻痢”，只是“多食耗气损齿易饥，空腹及羸弱人，或虚病后，忌之”，诚不可不慎。

另，元代神医朱丹溪发现它能治妇女产后恶露不畅、子宫内瘀血块与肉瘤等症，制成名剂“保和丸”。此外，山楂还能治血管硬化和高血压，强心效果明显，安全而又无毒。

又，《随息居饮食谱》称：山楂“大者去皮核，和糖、蜜捣为糕，名楂糕，色味鲜美，可充方物”。其在制作时，系将山楂熬烂，与绿豆粉相和，更加适量之糖，制成红艳悦目的方块软糕，为细点之甜食，酸甜适口，筵席上食毕大鱼大肉后，尤为宾客所喜。只是纯当点心时，不和绿豆粉，另加桂花酱，且入适量白矾充分搅拌。唯需注意者，白矾这一凝固剂，会影响人体对铁、钙的吸收，应适量享用。

金糕色呈紫红，外形饱满，仿佛吹弹可破，味道则酸甜适口，既营养且开胃。在烘干之后，可制金糕条，是著名果脯。其鲜品宜空口吃，想吃得考究点，尚可切成细丝，充作金糕梨丝这一味的辅料。

现因地利之便，我常去买“刘仲记”的山楂糕受用，欣喜不胜。据说旧时北京还有款“糊涂糕”，先把山楂煮烂过箩，去除渣子，搁点白糖即成，制作甚为简易。如在寒冬时分，喝他个一碗，全身上下，无不舒坦。下回赴北京时，要觅此一旧时佳味，享受那味外之味。

鸳鸯火锅人气旺

“鸳鸯”是中国菜肴和点心的一大特色。此命名的本身，即充满着趣味与创意，实将雄鸳雌鸯形影不离的特征，灵活地运用于菜肴之中。依此烹饪传统观之，凡是味成双、色成双、料成双、馅成双、形成双的，都可以称其为“鸳鸯”。

在四川菜点中，以鸳鸯命名的相当多。其实，早在宋代林洪所著的《山家清供》一书内，即有“鸳鸯炙”的记载。不过，此菜确实是用鸳鸯为主食材，不同于现今的鸳鸯菜色。然而，清末民初时，傅崇矩的《成都通览》里，所记的鸳鸯大菜甚多，像用两只大鸽子加燕窝为料制成的“鸳鸯燕窝”;用鸡茸、火腿、香蕈、鸡皮、韭菜为辅料制成的“鸳鸯鱼翅”；用虾仁、鸡肉等做配料制作的“鸳鸯海参”等即是。

到了1983年的中国烹饪名师技术表演鉴定会时，来自重庆的两位特级厨师李跃华、李兴国，更把鸳鸯菜点的水平大大提高，因而双双获奖。李跃华的得奖作品为“鸳鸯海参”，其特点为将家常海参与酸菜海参集于一盘，一菜两味，别开生面。李兴国的“鸳鸯叶儿粑”更是精彩，此菜是从川西、川南的民间小吃“叶儿粑”发展变化而来，不仅个头由大变小，而且一个变成一对，咸馅甜馅各一，再制成如意形。经其巧思改造后，原本质朴的民间小吃，竟因而登上了大雅之堂，真可谓青出于蓝而胜于蓝了。

而今四川各式菜点中，最为国人所熟知的火锅，莫过于融红汤、白汤于一锅并彼此分隔的鸳鸯火锅了。由于红汤是麻辣汤底，很多人吃不来，故与朋友或家人围炉共食时，大家既可以择其所好，独沽一味，也可以插个花儿，换个口味。因此，每届寒冬时节，这款鸳鸯火锅，始终维持超人气，仿佛没叫一锅来暖暖身子，这个冬天就白过了。

最早的麻辣火锅又叫毛肚火锅，乃发源于重庆对岸江北的一种专吃水牛毛肚的火锅，卤汁又辣又麻又咸。起初是给一些卖劳力的人们受用。吃的时候，各人认定一格，且烫且吃，吃若干块，算若干钱，相当实惠。后来才由挑担移到桌上，变成一道可贵可贱、风味万千的火锅料理。只是万变不离其宗，在吃红锅时，一定得叫毛肚，才能体会其爽腴而脆的绝佳口感。倘无毛肚，黄管（即猪心管）也行。

一般而言，红汤至为考究，须用牛骨、牛肉、豆豉、豆瓣、花椒、辣椒、老姜及大蒜等久熬而成，以浓稠为贵，以鲜香为佳。至于各料增减及多寡，则为各家心法，有其独得之秘。白汤刚好相反，沦于配角地位，很多店家权且聊备一格，以致形成红白不对称的情形，未免美中不足。位于台北东区的“黑武士”的红白汤底皆够水平，让人爱煞。其鸳鸯火锅与凡品不同，除传统的红白配以外，其他的芋头排骨、竹笋排骨、沙茶火锅等，都可任意搭配。但我个人却独独中意红白大对抗，因其能相辅相成、相得益彰。

其红锅妙在名副其实，麻先于辣，重麻轻辣，且其麻只在嘴巴四周扩散，不会顺喉而下、牵肠挂肚。汤头不咸，尤为可喜。因此，其红汤与白汤一样，可直接喝，愈喝愈顺，愈喝愈醇，即使已接二连三，也不致汗透重裳，真是好耶！依我多年心得，食红汤宜用毛肚、黄管、牛筋、猪大肠头、鸭血、蒜薹、青蒜等料佐食，食白汤则可用牛、猪、羊肉、培根、金针菇、茼蒿、冻豆腐等料涮食。如欲饮酒，则以冰冻过的白干最宜，葡萄酒及啤酒，最好少碰，很不对味。另，店家自制的橘茶、酸梅汤、冬瓜茶等均佳，不妨点来享用。此外，其下火锅的面条很棒，店主人会先煮到八分熟，置竹篮中备用。阁下若煮得久些，必爽韧而滑，好到无与伦比。

上海美食在台湾

在饮食日渐洋化、手艺讲求时效的今日，人们开始怀旧，想起昔时美味，纷纷走访老味道。而寻觅的目的，不光是挖宝，有人另有所图，想要古为今用，再赋予其新生命。而关于后者，有就地取材，偶成之于意外；亦有精心改造，既执着于原味，又改头换面。纯就此点而言，台湾不愧宝岛，取径本就多元，加上创意巧思，取得重大成效。诚如以写《美食家》一书而享誉中外的陆文夫所言，“使食客在口福上，常有一种新的体验；有一种从未吃过，但又似曾相识的感觉。从未吃过就是创新，似曾相识就是不离开传统”。相信从业人员在佐以丰富的经验和知识以及扎实操作的基本功后，必能将传统美味发展成大器，展现傲人风姿。

就饮食发展轨迹来看，上海和台湾（尤其是台北）过程相近，具有异曲同工之妙。如仅就老上海美食而言，两者亦各擅胜场，而且错综复杂。且先就早餐的“四大金刚”说起——

按《风味:老上海美食》一书作者沈嘉禄先生的讲法，“四大金刚”分别是大饼、油条、粢饭和豆浆，但老一辈的食家陈诏则认为“大饼、油条、豆浆、阳春面”才是。不论是哪一种组合，早在一甲子前，已是台北人早餐所常享者。但大同之中，小异难免。大饼是烧饼的一个品种，而夹油条而食的烧饼，除书中介绍的外，尚有薄而长形者，滋味硬是不同。粢饭即饭团，老上海用刚炸好的油条，台北则用老油条，分甜、咸两种。甜的会多加花生粉；咸的还加辣萝卜干，另有制成长条状的。而咸豆浆所加的料，也不尽相同，阳春面亦然。可见即使是同一物，其内容每因物产和习性而产生变异。明明是烧饼夹油条，现在竞争甚烈，店家各出奇招，夹荷包蛋和葱蛋已极平常，甚而夹生菜、洋火腿、培根、起司（奶酪）、烤肉、鸡排、熏鱼、鲔鱼罐头等等，谓之创意无限或光怪陆离，均无不可。反正“只要我喜欢，有什么不可以”，且各拥有其爱好和支持者，充满着各种可能。

早年台湾卖这些早点的，以老兵居多，后由勤苦耐劳的客家人接棒，其打出的名号，首推“永和豆浆”，俨然成一个品牌。现则“反攻大陆”，仅是上海一地，常可见其身影。这种奇特现象，真使人有不知今夕何夕之感。然而，可以确定的是，不管台北、上海，想要吃到好的，越来越不容易。

上海点心能在台湾发扬光大者，不得不提小笼包、水煎包、蟹壳黄这三样，前二者尤知名，几乎已成为生活中的一部分，其势排山倒海，可谓锐不可当。

小笼包自台北的“三六九点心”后，经由“鼎泰丰”打出名号，成为名食，沛然莫之能御。它原用猪皮冻，夏日难以为继，我向店家提议，酌换成鸡脚冻，更能提振食欲，现已成为主流。而所包的丝瓜，更是让人惊艳，色碧绿味清爽，不拘食荤或素，皆可欣然受用。

原名生煎馒头或包子的水煎包，而今在台湾，竟大行其道，产值据称上亿。事实上，这个出自上海弄堂老虎灶上的美食，非但可以一饱，也能充当点心，常现踪于夜市。其所包之馅，除原先之韭菜馅外，更常用高丽菜充馅，两者均平行并重，呈分庭抗礼之势。

又，酥香无比、入口即化的蟹壳黄，其上每冠以“重酥”二字，它亦常充作伴手礼，香味漂洋过海。

其他如炸臭豆腐、小馄饨、萝卜丝饼、鲜肉大包、油豆腐细粉、豆沙粽、酿面筋百叶（俗写为“两斤一”）、炸排骨、汤圆等各式各样的上海点心，台北莫不齐全，而且颇多妙品。无奈现今式微（非量减而是好的不多），只能徒呼负负。

至于菜肴方面，台湾菜式之精美，其佳味之纷呈，岂止不逊上海而已？其发展之脉络，比起当年上海，若合符节，只是方式不同。比方说，上海的上海菜，起先为本邦派，其次为外邦菜，再来是海派菜，归结成海上菜。而上海菜在台湾，最初是本邦、外邦及川扬菜并存，最后再混而为一，亦成为海上菜。而且台湾业者，所谓上海菜、江浙菜，常是名称不同，但其菜色无别，这种混同现象，应是全球独一。场景纵使有殊，但不碍其美味。我本爱此菜肴，食遍全台名馆，在同中寻其异，在异中求其同，时间近半个世纪，尝过不少珍馔，近则失望居多。这亦不难理解，当下创意当道，不讲求基本功，逐渐向下沉沦，自在情理之中。只盼有朝一日，能止跌回升，才是食林之幸。

我在 2011 年教师节前，自公职退休后，终于如愿以偿，可以各处赏味。上海去了三次，吃过不少餐点。印象较深刻的，有“汪英的私房菜”“老吉士”“福一〇三九”“王宝和酒家”“旧款宁波菜馆”（已改名“金乐元”）、“张生记”“新光酒家·方亮蟹宴”“阿娘面”“月圆火锅”“阿毛餐饮”与“德兴馆”等，有些馆子还去了两三次。除在“阿娘面”仅一个人吃焖肉面、黄鱼面、熏鱼和雪里蕻笋丝外，其余皆佳肴满案，珍错悉出，吃得不亦乐乎。《风味：老上海美食》这本书中所列的肴点如炒三鲜、腌笃鲜、青鱼秃肺、河豚、大肠煲（草头圈子）、白切羊肉、白斩鸡、大闸蟹、咸鲞鱼、无锡排骨、糟田螺、鱼圆、鮰鱼、毛蚶、小笼汤包、生煎馒头、八宝饭、小馄饨、臭豆腐干等，无一不遍尝，亦通过比较，知各店差异，真的有意思。

有趣的是，第一次邀我去上海品味的，就是台湾“上海极品轩餐厅”的老板陈力荣。他出身“三六九”，乃小笼汤包的第一把手，本身精通海上菜，擅长推陈出新，以烧制“红楼梦宴”及“大千宴”而誉满食林。为了更上层楼，他曾赴上海、宁波等地不下数十次，算是熟门熟路，引领我访上海名馆，让我增长不少见识。

而第二、三次陪我在上海走访的，则是台湾“上海小馆”的冯兆霖老板。他受教于“隆记菜馆”，曾担任台湾、上海等地及美国等地餐馆的主厨，擅烧本邦菜，旁及外邦菜，正宗又地道，能出神入化。其“娘家”在上海，亦常驻足当地，由他带领探访，简直驾轻就熟，深中肯綮。

最精彩的两餐，均就食于“德兴馆”。这个本邦菜名馆，创制甚多美馔，其著者有虾子大乌参、腐乳扣肉、糟钵头等，我们逐一品享，并点甚多菜色，吃得好不过瘾。比如前三道菜，都是冯老板的拿手菜，我亦品过几十次，从食材、调料、手艺及成菜方式观之，同样是一道菜，差异宛然可见。但依我个人之见，分身已凌驾本尊，早就后来居上。

此外，与饮食名家沈宏非品享“汪英的私房菜”，菜肴达三十种，确有独到之处。其中最耐我寻味的，分别是八宝鸭和八宝饭，一肴一点，都很到位，令人激赏。

沈嘉禄的《风味：老上海美食》，乃继《上海老味道》之后的另一力作，描述自身经验，兼及一些见闻，加上零星掌故，写得淋漓尽致，充满着可读性。另，书末所附录的《巡味台北上海美食》，这些我全吃过，有的吃了二三十年，有的尝过上百次，有的则一尝即止。其历史沿革，其精奥细微，甚至今昔之异，莫不了然于胸。读者可按图索骥，漫步在十里洋场，依序品评，再多试个几次，必能分晓其中况味，领略老上海滋味。

主中馈的再延伸

“中馈”这一词儿，在中国古代的社会里，是指妇女在家中主持饮食之事。此首见于汉代张衡的《同声歌》，其歌云：“绸缪主中馈，奉礼助烝尝。”而历来主中馈者，由于“烹饪必亲，米盐必课，勿离灶前”，加上得掌握住男主人或翁姑的习性，更须谨慎从事，例如中唐诗人王建的《新嫁娘》一诗云：“三日入厨下，洗手作羹汤。未谙姑食性，先遣小姑尝。”就是个明显的例子，而在如此兢兢业业下，自然技艺精进，不乏个中好手，非但开辟饮食的另一片天地，同时也为范仲淹的名言“家常饭好吃”做了最好的诠释。

或许有人认为：人老了爱怀旧，记忆总是美化了童年，美化了故乡，遂使文学跟音乐、艺术一样，是创造“从前”的“骗局”，因而产生“上了颜色的历史是文学”的论调。例如英人戴维斯

(Robertson Davies)就是个乌鸦嘴，表示:“人一上了年纪，都错以为母亲弄的食物最好吃，真希望有一天碰到一个大彻大悟的人，承认母亲是厨房的刺客，差一点毒死了他。”更有甚者，英人卡尔文(Calvin Trillin)进一步指出:“我母亲最了不起，三十年来一直给全家人吃残羹剩菜，原本的新鲜菜肴，始终不见。”之所以会如此，自然是西方人，尤其是英国人，实在不讲究吃，也不糟蹋食物，加上生性节俭，必定吃个精光。比较起来，中国的妈妈们，为了张罗饭菜，使出浑身解数，像是个魔术师，幻化无数美味，令外出的游子们一旦想起妈妈的味道，无不眉飞色舞，说得头头是道。《灶脚里的小确幸》一书作者二毛，即为此道高手。全书以“妈妈的柴火灶”为主轴，将他母亲毛荣贤的手艺穿插在各篇内，次第开展，五味杂陈，捧读之后，不觉涎垂。

一翻开中国的烹饪史，记载中馈实录的，主要有两支，其一为自己写就，其二为子孙记载。这本《灶脚里的小确幸》，确确实实属于后者，且先从自己撰写的开始叙述。

《吴氏中馈录》堪称是中国第一本女性撰写的食谱，乃宋代浦江(今浙江义乌)吴氏(佚名)之作。其中的烹调方法、加工方法以及食材加工成形的名词，绝大部分迄今仍在使用。故不仅对中国烹饪技术的发展和演变有其参考价值，而且可借此洞察宋代家庭饮食面貌，影响不可不谓深远。

自吴氏开风气之先后，到了晚清时期，中国又出现一部家庭烹饪经典，此即 1907 年在长沙刊印的《中馈录》。

此书的作者曾懿，四川华阳人，《清史稿·列女传》称她“通经史，善课子”。其实，聪慧善良、阅历丰富、工诗能文的她，亦擅长厨艺。为了劝谕女子学习烹调，方便持家，乃撰《中馈录》一书，以自身的烹饪实践，用浅显的文字，使初学者易于掌握，加上制作方法简易，条理明晰，堪称是一部影响当时及近世极大的家用食品指南。后来者，如黄媛珊女士的《媛珊食谱》及傅培梅女士等的食谱继之，各有擅长，光大食门，嘉惠后学，至今不辍。

又，早在魏晋南北朝时期，中国的食谱及相关著作甚多，可惜泰半流失，现保留最多者，则为《崔氏食经》，此书作者崔浩，“博览经史……研精义理，时人莫及”，乃北方学术界领袖。除此之外，他“自少至长，耳目闻见，诸母诸姑所修妇功，无不蕴习酒食。……常自亲焉”。只是遭逢乱世，其母为另一中原望族虞谌之孙女，以“聪辩强记”著称，担心日子久了，有关饮食祭祀之事，或废或忘，使“后生无所知见”，便开始口述，由崔浩执笔，共写了九篇，借以保存其家族中妇女“朝夕奉舅姑，四时供祭祀”的饮食资料。因此，书中所载的饮食菜肴，无一不是中原地区士民的日常饮食，极具研究价值。

明代中叶，出现了两本饮食巨著，它们分别是《宋氏养生部》（宋诩著）和《宋氏尊生部》（宋公望著）。二书的作者宋诩及宋公望父子，堪称食林奇葩。

宋诩，字可久，为松江华亭（今属上海）人。其母朱太安人，善烹调，曾随她的父亲宦游京师，且其夫君在江南数地供职时，跟着赴任，故眼界宽广，对南北诸多菜肴不但熟悉，而且精于制作。而这位既“习知松江之味”又“遍识方土味之所宜”的朱太安人，在她晚年时，更将一己心得“口传心授”，宋诩即据以录撰成书，遂大显于天下。

本书所收菜点，以北京与江南风味为主，兼及鲁、粤、川、鄂等地，旁及少数民族。它先对每种重要食材说明初步加工方法，接着分述其具体烧法，然后概括分类，条理明晰，查用方便。由于史料敷陈较高，当下仍有借鉴价值。

另，《宋氏尊生部》的作者宋公望，其所记之肴点，不论在制作及风味上，均明显具有江南特色，值得重视。

朱太安人最令人敬佩之处有二：其一自然在于厨艺的高明；其二则是结合前人的经验，将食材及菜肴的精妙之处心领神会，从而使子、孙对其烹饪智慧做一总结，并且发扬光大。难怪纪昀（晓岚）等在编《四库全书总目提要》时，对此二书推崇备至，认为它们均是“读书考古者所为，非同凡响”。

除上述之外，《灶脚里的小确幸》的作者二毛，出生于重庆酉阳。他记其母亲的菜点，自“炝炒绿豆芽”始，一路写到“炖猪肚条”止，前后凡五六十道。其所呈现的手法，夹叙夹赞，洋洋洒洒，从容利落；再由此向史料及周遭延伸，可以惹情思，可以勾馋涎；信手拈来，不落俗套。旧日的幸福，亦宛然可见。写的是小确幸，却露出大手笔，允为食林杰作，非庸泛者可及。

我的首徒李昂，乃文坛奇女子，本身亦精饮馔。曾在北京尝到二毛专门设计的“猪头宴”，光是猪头就有八种烧法。她爱煞其中的“蒸腊猪头”，频频下筷，不能自已。一回到台湾后，她就在电话中告诉我，其味非常，咀嚼余香不尽，津液汩汩而出。显然二毛在书中所叙述者，其可信度极高，绝非徒托空言。诸君把卷而读，心绪随之而动，虽未尝其亲炙，却可与之俱化，亦人生一乐事也。

把箸怀珍馐

平生颇嗜生鱼片

我和生鱼片结缘极早。在读小学四年级时，有回参加大表姐的婚礼,席上即有“刺身”,也就是俗称“沙西米”的生鱼片。这道菜是打头阵的前菜之一，记得里面有深红色的、粉红白色的及白色的这三种，切成长方块形，排列整齐于盘中，望之鲜艳夺目，不觉勾人食欲，很想一尝为快。

就在这时候，我见同席诸人夹着生鱼片蘸着芥末、酱油吃，嚼得津津有味，便依样画葫芦，赶忙往嘴一送，结果被呛得天旋地转，七荤八素。这可是我吃生鱼片的初体验，那可真是狼狈不堪，闹个灰头土脸。

一晃四十几年过去了，我对生鱼片的态度，也从起初的戒慎恐惧，转而为欣喜异常。不管是严冬或酷暑，只要能来上几片，即可暂抑馋虫。同时，除生鱼片外，我个人对生牛肉、生马肉、生鹿肉，都挺有兴趣的，而且一一尝过，纵非无此不欢，倒也乐此不疲。

《汉书·东方朔传》云："生肉为脍。"《说文》解释"脍"字为："细切肉也。"准此以观，脍是细切的生肉。其取材多为新鲜的牛、羊、鹿、鱼之肉，吃法则是拌佐料食之。近世国人吃生鱼片，以广东为盛，号称"鱼生"。像清人汪兆余《羊城竹枝词》咏鱼生，即云："冬至鱼生处处闻，鲜鱼脔切玉玲珑。一杯热酒聊消冷，犹是前朝食脍风。"

如据《礼记》和《周礼》等古籍的记载，脍在周代时，已被列为王室的祭品，设有笾人专责制脍，讲究"食不厌精，脍不厌细"。另，周代人对调味料也很考究，不同的季节，其用法必异，像《礼记·内则》就指出："凡脍，春用葱，秋用芥。"此外，位于东南的吴、越之人，亦爱食生鱼片，相传伍子胥率军破楚归来，吴王阖闾亲自劳军慰问，用的就是鱼脍。故《吴越春秋》一书云："吴人作鲙，自阖闾之造也。"

生鱼片在发展中产生了一些历史名菜，从西晋的"莼羹鲈脍"开始，经隋代的"金齑玉脍"，到诗圣杜甫的"无声细下飞碎雪""鲙飞金盘白雪高"，已渐臻顶峰。直到宋代，食脍风气更盛，士大夫如黄庭坚、陆游等，均有食脍之诗。唐宋古文八大家之一的欧阳修亦喜食脍，常买鱼拎到诗人梅圣俞（梅尧臣）的家中，请他家的老婢料理，一时传为美谈。不仅文人雅士爱食脍，而且市面上出售的脍，品目极繁，多到出人意表。依吴自牧《梦粱录》书内记载，汴京（即今开封）街市经营的下酒食品中，就有“先羊脍”“香螺脍”“二色脍”“海鲜脍”“鲈鱼脍”“鲫鱼脍”“群鲜脍”“蹄脍”“白蚶子脍”“淡菜脍”“豆辣羊醋脍”等多种，花样繁多，口味丰富，堪称登峰造极。

元、明以后，食脍种类大减，只吃生鱼片了。清代浙江人吃生鱼片，原先是：“生鱼去头尾皮骨，以快刀批作薄片，加盐微腌，拌麻油、葱、花椒末食之。”后来东施效颦，学北京的吃法，改用生鱼片泡粥，谓之京样、时道。这种赶时髦的方式，施鸿保很不以为然，乃作诗讽刺之。诗云：“薄片鱼生去骨头，登盘滋味赖麻油。笑他时道学京样，泡粥不嫌腥气留。”由国人原创的生鱼片食法，至此已大不如前，难怪日后让东洋人独擅胜场。

日本的生鱼片以海鱼为主，以鲜为尚，以得其真味为高，刀法多变，讲究调料，现已走出自己的路，风靡世界各地。台湾则因风云际会，喜食生鱼片如我者，大有人在。

台北“日吉坊”日本料理的吧台，是我最常去享用生鱼片的所在。里面操作的小林师傅，亦是老板，其人生之历练，一如日本漫画《将太的寿司》。其生鱼片的种类着实可观，贵在不走花俏路线，价目清楚明白。坐定之后，品享随意，食材保鲜得宜，下刀极有章法，来杯清酒下肚，更能品鲜提味，自斟自酌自开怀，但觉良宵值千金。而吃罢生鱼片后，我会再品些握寿司，然后喝碗以烤鳗骨、九孔炖枸杞的味噌汤，微醺满腹，适口充肠。可惜自小林师傅得青光眼后，不能亲操刀俎，后来就歇业了，即使已遍尝当下名店，但不若其变化万千，心中不免怅恨久之。

脆鳝美味驻心田

俗称鳝鱼的黄鳝，其别名甚多，像鳝、长鱼、善鱼等均是。不过，它有两个名字很特殊，各有其典故。一个叫“土龙”，典出晋人葛洪的《抱朴子》，因有这层关系，故江苏淮安以鳝鱼为主料所制作的“全鳝席”，有人就改呼“全龙席”；另一个称“无鳍鳗”，原来欧美人士虽懂得吃鳗，但对鳝鱼这玩意儿，却不能道其详。所以，早年他们来华旅游，初尝鳝菜时，便弄不明白这种外形似鳗而滋味迥异的鱼叫啥，有人比较“天才”，就这么叫开了。

鳝鱼最可贵之处，在于风味多变。生炒柔而挺，红烧润而腴，熟焖软而嫩，油炸酥而脆，故有人说：“妙哉鳝也！”

脆鳝是江苏无锡的经典美馔。

1912 年，无锡著名菜馆“大新楼”等，率先将脆鳝当成筵席菜，后经惠山“二泉园”的改进，脆鳝愈加酥松，成为无锡喜庆筵席的常备菜，且是太湖“船菜”少不得的奉客佳肴，每位船娘均有看家本领，直让食客大呼过瘾。

脆鳝的特点是装盘交叉搭高，好似宝塔之状，色泽乌光油亮，鳝肉松脆香酥，卤汁甜中带咸。至于已故美食家唐鲁孙先生所说的“鱼一端上来，堂倌用草纸合起来双手一压，拿来下酒，真是迸焦酥脆、咸淡适口”之极品，其景其食，倒是不曾感受过，甚引为憾。

唐先生又说以脆鳝浇干丝这道菜，在他所吃过的，“要算泰州的‘一枝春’首屈一指，叫一份过桥脆鳝，一半拿来下酒，剩下的拌干丝，等饺面点心吃完，鳝鱼依旧酥松爽脆，一点不软不皮”。如能吃到这等美味，应可无负此生。

台北“浙宁荣荣园餐厅”早年的脆鳝，其形虽不甚美，但味却全透入，咀嚼酥爽且脆，余味绕唇不去，确为难得佳品。其另一款名菜鲍鱼干丝亦非等闲，干丝尚未臻长短整齐划一之境界，刀工则不含糊，浇汁芳鲜而清，鲍鱼丝亦爽而不腻，堪称不错的搭配。叫盘脆鳝及鲍鱼干丝当前菜，既酥脆，又鲜嫩，的确爽腴适口。

三十年前台北的一些江浙菜及上海菜馆，其拿手菜中，少不得脆鳝一味，既可当前菜，以小碟奉上，亦可充大菜，模样挺壮观，不论是搭配白干、黄酒或啤酒，都是一等一的。我甚喜以此佐酒，一尾尾在口腔爆开，吃得焦酥爽脆，再注入琼浆玉液，那种极致的享受，绝非芹献能比拟。

响螺盏味美难言

约十年前，我与香港的品酒名家刘致新等人，欢叙于上环的潮菜老馆“尚兴”，尝了一些正宗潮州菜，有蚝煎、卤水鹅、鱼饭、韭菜酥盒等。但最让我念念不忘的，则是柔软爽脆兼具、滋味鲜美无比的“白灼响螺盏”，转眼一盘食尽，接着连吃三器，平生食螺多矣，此次最为过瘾。当然啦，其价亦十分昂贵，仅仅一盘，已将近我半个月薪水。

此菜贵得令人咋舌，自有其道理。早在晚清时期，这道席上之珍，深得两广总督李鸿章的青睐，列为八小碗之首。流风所及，“食在广州”年代，嗜食此味者，非但大有人在，且以潮人居多，遂成为潮州菜的顶级珍馐。20 世纪 70 年代，以擅制此菜著称的名馆，在香港首推“大同酒家”，其次则有“钻石酒家”等，今则以“尚兴”独领风骚，食客趋之若鹜，每以一尝为快，但得舍得花钱。

“白灼响螺盏”所用的响螺，必须是角螺一族中的上上品，外壳摸之粗糙，望之似天鹅绒，螺身色艳肥壮而圆。其近亲有黄沙螺及深海泥螺等，不论售价和滋味，必大打折扣。

而欲制作此菜，其标准的做法，需用螺肉九两。大凡原只大响螺，在除壳后，只得螺肉一两八钱，且洗净削其边，采用中心部分。故至少需五只大响螺，始足以制成此馔。

接着左手将整个“肉心”按在砧板上，右手持刀，“片”向它的底端。如此，所片出的螺片，够薄身而大片，状似灯盏片形，显得相当美观。刀章讲究功夫，厚薄妙在一致，才有松脆口感。如未恰到好处，徒然糟蹋好料。

我乃远庖厨者，不谙割烹之道。承诗人罗智成之赠，读毕香港老师傅陈荣的大作《入厨三十年》。而在四册书中，共提到“白灼螺片”三次。陈在香港大名鼎鼎，20世纪50年代时，其厨艺学院之毕业生，欧美大国均承认其资格。一旦持毕业证书赴海外，无不获得签证。

按陈荣烹制“白灼螺片”之法，先用生姜、葱及生抽（酱油）起镬（锅），注入清水续滚，弃去姜、葱等物，加入三滴白醋，将螺片略灼后，随即捞出螺片，用干净毛巾沥去其水分。接着烧红锅子，下少量猪油，放螺片略炒，再添些黄酒，便可以上碟。此菜最重无水，但凡见水，即为败笔，滴入白醋之后，自有干身之功。

在一般潮菜馆中，亦有此菜出售，或许去边有限，或许螺不够大，食味只是一般。但有的馆子会别出心裁，将去之头尾及肉的下料，以药材煲老鸡汤，或者煲杂鱼豆腐汤，一螺而能两吃，可谓物尽其用。

我后来再两赴“尚兴”，发觉滋味已不如前。曾和香港食神蔡澜闲聊，告以当下的响螺，可能不是同种，实在难以下筷。他想吃这道菜，还是去潮州当地吃，便宜大碗解馋。可惜潮州出产的响螺，依陈荣的说法，不及香港所产的“优美”，食味不仅不够爽脆，鲜甜亦有所不及。看来只能将美好回忆，长留在内心深处，“妙处难与君说”了。

九转肥肠逞佳味

能将下水变珍馐，而且名闻遐迩，甚至独霸一方，得有特殊际遇，如无此等机缘，泰半隐而不彰。

身为鲁菜红烧类代表佳肴之一的九转肥肠，乃清德宗光绪年间，由山东省城济南的“九华楼”首先创制。该饭庄位于后宰门街，离大明湖不远，在一个一次可摆二十几桌的小四合院内。店主人姓杜，乃济南富商，相传他有九处买卖，均以“九”冠其字号。盖“九”属阳，寓吉祥之意。而讲究饮馔的他，特聘名厨烹制猪下货（即内脏）菜肴，其名菜有炒腰花、软炸腰花、糟煎大肠、清炸大肠、油爆双脆、熘肝尖和红烧肥肠等，颇为时人称道，因而食客如织，每天座无虚席。

某日，一些文人雅士在此小叙，点了不少店家的拿手菜，但见这几道菜，在色、香、味、形、质兼顾的前提下，以味为纲，或馨逸，或醇正，或鲜嫩，而且和而不同，滋味不一而足。但最令他们赞不绝口的，则是酥烂熟软、肥而不腻且五味调和的红烧肥肠。众人嫌其名不雅，在起哄之下，想取个好名，为此菜生色。

座上有一文士,夙有“捷才”之誉,乃从店主人的喜好设想，命名“九转肥肠”，既满足其喜“九”之癖，同时又夸赞大厨的手艺，一如道士在烧炼“九转丹”般的细致。其结果，自然宾主尽欢，传为食林美谈，从此驰名全省，一跃而成山东地区最著名的风味菜。

而烧此菜时，大肠在整治干净后，先焯去臊，除去肠头、细尾，切成小段备用。接着锅内放油，加少许白糖炒到色呈暗红，倒入大肠，煸至上色。手勺再迅速翻动，不可使糖汁炒老，紧接着爆香葱花、蒜末、姜末，然后添加酱油、高汤、精盐、醋及南酒等，与大肠炒和，转用微火慢收，待汤汁行将收干之际，放入胡椒粉、肉桂粉、砂仁粉，淋上红油（花椒油亦可），颠翻均匀，盛入盘内，再撒些许香菜末即成。其红润味醇、异香扑鼻，令人胃口大开。

台湾早年的一些北方馆子，如“会宾楼”“松竹楼”“致美楼”“南北和”“真北平”等，莫不擅烧此菜，而且各有心法，虽大同亦小异,成为招牌美馔。有些小饭馆,则别出心裁,如“美味小馆”等，再用酒酿提味，以至于清香而甘、肥而不腻、糜而不烂，既特别又好吃，实与本尊的色呈枣红、光亮油润、用料全而广、下料狠而准、成品酸甜香辣咸五味俱备的滋味，大有别趣。

有一回我来到山东的淄博市，晚上想换个味儿，乃赴“老博山四四席食府”，特地叫盘九转肥肠。其色泽红润透亮，段段有如扳指儿，入口浓郁，脆爽带嫩，举座称善。到底和以往所吃的不尽相同。或许多年之后，会再殊途同归，抑或从此分道扬镳，各走各的阳关道？连我也说不准了。

灌肠情思难想象

我超爱吃灌米肠，切片蘸酱，好吃得紧，如果有好香肠，制作成大肠包小肠，一样诱我馋涎。可惜这个美点，现已太过浮滥，打着名号的多，真正够味的少，不及往昔远甚。这回到了北京，来到隆福寺街，前往“丰年灌肠”，特地尝个味儿，但是它的味道，超乎想象，且是国营小店，有点开了眼界，且谈谈它的种种。

这款北京风味，过去在制作时，是用配好作料的面糊，放进洗净的肥肠里，煮熟后切成薄片，置于油铛里，以猪油煎透，并用长竹签插着，蘸上盐蒜汁而食。后来有人发现，将淀粉加水和匀，以手揉成肠形，接着蒸熟，等它凉了，再切成薄片，油煎后才吃，味道无啥差别，而且省工省时，成本相对降低，于是广为流行。而真正用肥肠制作的灌肠，从此销声匿迹，只是徒有其名。

灌肠原先是红色的，后来禁止染色。而现在所呈现的，几乎都是本色，有一些是黑色，也有的带灰色，不如当初鲜艳动人。不过，北京人特嗜此物，尽管颜色不起眼，却不妨碍其销路。我去品尝的那家，经常门庭若市，排队等候空位，已成街头一景，生意旺到不行。

过去卖灌肠的，都是走街串巷，吆喝着“卖灌肠来”。沿街叫卖的小贩，挑着挑子，一头是一铁铛，铛的一面稍微高点，好让煎肠时的油容易向下流，勿使灌肠沾油过多。切肠也有学问，不能切得太薄，总得要适中些。既要随时以铲子调油，又要用铲子按着它，使它稍微焦点，同时保持一定的鲜嫩，取其焦嫩兼得。

客人坐在一条架在马扎上的扁担上，随吃随买，卖者则在旁烤着伺候，随时铲进盘内，再用竹签扎上，表示这是新的一轮。而今吃灌肠时，仍讲究用竹签吃，绝不能用筷子。有人认为没有区别，其实不然，这正体现了老北京人在吃上认真的态度，表现其审慎和挑剔的品位。毕竟，煎好的灌肠，其标准为外焦里嫩，唯其嫩，牙签才扎得进去。一旦煎过头，灌肠会变脆，签子难插入，就是功夫不到家，这样的次货，不吃也罢。

煎灌肠必须用猪油，味道才正点，如果以植物油煎，味道便差得多了。所以，难免会有腥臊味，此时只有蘸或浇盐蒜汁，才能中和其味，并提滋味上来。名学者兼食家周绍良曾说在吃灌肠时，“猪油臊味特重，加以其物本淡无盐，殊无可赏，而北京人嗜之独深，有人一次能吃斤余，不知所嗜何在？”当我吃到煎得酥不酥、嫩不嫩，而且咬起来很费牙的灌肠时，心中所感慨的，即与周先生同。所谓“北京风情”也者，其滋味也不过尔尔。

夏令名食咕咾肉

夏日食肉，不对胃口，还得热腾腾的，必须多费心思。出自广东民间的咕咾（噜）肉，其前身为“甜酸猪肉”，历经名厨及厨娘的改进，现已是粤菜馆的招牌菜之一，花样百出，口味多元，甚受欢迎，即使已逾百年，仍声望不坠。

据说在清朝时，广州客商云集，充斥着外国人。他们爱吃中菜，尤钟“糖醋排骨”，只是享用之际，不太会吐骨头，闹出不少笑话。为了迎合他们，有人改用去骨精肉，再用糖醋卤汁，调制出一款新菜。色泽金黄，卤汁鲜香，甜酸适口，不分中外人士，都爱品享此味。由于它与历史较久的“糖醋排骨”相似，故叫它为“古老肉”；又因洋人发音不太准确，称之为“咕噜肉”，现则通称“咕咾肉”。

另一说亦与老外有关。早年闽、粤人士“劳务输出”美国，带去家乡的夏令菜“甜酸猪肉”，等到在旧金山唐人街的中餐馆推出后，颇获好评。在20世纪20年代时，几乎每家中菜馆子皆售“sweet and sour pork”（甜酸肉），备受异邦人士青睐，有人便称“鬼佬肉”，为免失敬外国朋友，乃取其谐音，“咕咾肉”之名，遂流行世上。

还有个说法亦绝。已故烹饪名家傅培梅女士认为，其本名应是“古咾肉”，原因不外此肉在制作时，必以广东泡菜（酸果）的古老卤汁调制，“咕咾”则由粤语“古卤”转化而来，其诱人的风味即在此。而所谓古卤，乃是多次泡制泡菜，再多次加料兑制而得的甜酸汁。也唯有如此，这汁才称得上“古”，用它来烧“甜酸猪肉”，才能达到汁醇味厚的“正宗”滋味。

姑不论其典出自何者，想烧好这道菜，首在选对猪肉。根据前人经验，以猪鬃肉（又称枚头肉、梅头肉、梅花肉）最佳，其肉质松软腴滑，经油炸过后，仍肉汁充盈，不肥不腻。如想吃瘦点的，可改用猪沙腩（即小排上的腩肉），肉之纤维细致，没有丰厚脂肪，而且肉味亦足。接着将肉切成方块，氽水，漂去表面浮油，待沥干后，上蛋液再裹生粉（即太白粉），置油锅内炸至微黄，最后再用红镬（烫热铁锅）勾甜酸之芡汁即成。

至于此肉炸好后，想保持外脆肉嫩，其窍门为分两次炸：

第一次先炸到八分熟;第二次则待外皮酥脆、肉刚断生时起锅。此外,传统的甜酸汁,必用山楂调色调味;现在则出“奇”制胜,有选用西红柿、甜菜头等。有人为走快捷方式，不是添加食用色素，就是纯用西红柿酱，此种旁门左道，殊不足取。

又，为了增加色泽及口味，早年的酒楼在制作时，常在“咕咾肉”中添加青红辣椒、竹笋同炒，有相辅相成的效果。目前有些创意厨子，仅求好看悦目，加绿、黄、红三色灯笼椒和洋葱，即使五彩缤纷，口感却不太搭，抵消了肉的美味，实在不伦不类。

祭肉下货炒肝儿

北京旧俗，早点讲究炒肝儿和包子同吃，消夜则是食馄饨与烧饼。我对炒肝儿大名，可谓心仪甚久，这是大食家唐鲁孙及逯耀东都爱的吃食，岂能不一尝为快？到得老字号“天兴居”门口时，领头的陈春美女士再三告诫，声称她在北京待了二十多年，几家老店全吃过，对其厚芡就是吃不惯，不知北京人为何偏嗜此味！不听她的劝，仍叫碗来吃，深烙的印象，也更鲜明了。

炒肝儿纯系祭肉的下脚料。满族起先崇信萨满跳神，必备一整头猪，屠牲吃肉之余，将残剩的下水料，一概抛弃不食。待满人入关后，各家时常跳神，废弃下水极多。后来有些小贩，便在这些废料上打主意，终于研制出了炒肝儿。

虽是废料下货，亦有档次之别。若以猪肠而言，较好的部分灌血肠，次等的即废肠，通常弃而不用。有的小贩脑筋动得快，收集这些废肠，另加些下水料，经煮熟之后，加淀粉勾成卤，多加蒜末，颇引食欲。

炒肝儿这个名儿，还真费人思量，因为此一小吃，既不以炒法制成，也不以猪肝为主料，说它名实不副，倒是一点不假。它实际上是烩猪小肠，而猪肝、心、肺等，只能算是个配搭。然自清末始，便约定俗成，称之为炒肝，或加个儿字，并沿袭至今。只是早期时，炒肝儿内除肝、肠外，尚有心和肺，而且不用淀粉勾芡。当时北京的口头禅“炒肝儿不勾芡”，意即“熬心熬肺”，后为节省成本，才去掉心和肺，改成当下的小肠为主、猪肝为辅。最早营业的字号为“会仙居”，接着才是开在对面的“天兴居”。

“会仙居”的炒肝儿，以口蘑汤做底，肥肠先行煮透，接着合二为一，然后将肝尖放入，调味勾芡，吃时必须加香菜末并大蒜泥除腥，如此才会好吃。而所谓吃，其实是喝。而在喝炒肝儿时，有的一手托着碗底，用口就碗，边啜边嘬，好处在肝、肠、芡汁分布均匀，可以站在锅旁，喝上一碗就走；也有的人，先拣个位子，要了碗炒肝儿，搭配叉子火烧而食，酥醇馨鲜，脆美自不待言。

后起的“天兴居”，不用口蘑汤打底，而改用味精，选料较“会仙居”为精，因而后势看好，生意红火。两店后并为一家，清爽可人的口味，终成广陵绝响。

当下“天兴居”主要的食材，分别是大蒜、黄酱、大料、高汤、淀粉等，而且是肝少肠多，再予勾厚芡，经烩制而成。色泽黄褐，卤汁厚亮，味厚不腻，味道差可。话说：“稠浓汤里煮肥肠，交易公平论块尝。谚语流行猪八戒，一声过市炒肝香。”应指昔时风情，今已不复存在。

蟒蛇味佳葆青春

允文允武的韩世忠，出身寒微，膂力过人，年少即能拉强弓、骑野马，胆识过人。史书称其喝酒使气，桀骜不驯，可见原是个老粗。但自从军以后，每逢两军交战，他总是一马当先，奋勇向前，立下不少战功。而最著名的一役，当属黄天荡之役，以八千兵马挡住十万金兵，相持达四十八天，终使金兀术损兵折将，仓促狼狈北归，号称“中兴武功第一”。但他解甲归田后，闭门谢客，绝口不谈兵事，自号“清凉居士”。周密在《齐东野语》中的评语为：“生长兵间，初不能书，晚岁忽若有悟，能作字及小词，诗词皆有见趣。”

韩世忠的长相，据史书上记载，他五绺长须，面色白皙，肌肤光洁，十足是个美男子。但他当兵前，却是全身上下长满疥疮，丑不可睹。那他这个巨大转变，究竟有何际遇，着实让人好奇，且看《东南纪闻》一书的说法，或许可以释疑，进而取法其奥。

该书写道，韩世忠年轻时，生活拮据，加上全身长疮，不时流脓出血，发出阵阵臭味，不为家人所喜。他亦自认命途多舛，时常抑郁寡欢。某年夏天，他在溪边沐浴，忽见草莽间有一巨蟒，张开血盆大口，吐出蛇信扑来。韩乃以双手扼其颈，巨蟒则缠绕他的身躯。两者相持不下，只好且战且走，抱着蟒蛇回家，叫人拿刀杀蟒，好使自己脱身。家人见状大惊，一直不敢向前。韩在无奈下，遂转赴厨房，将蟒头紧紧按在柴刀之锋刃上，来去有如引锯，终于断蟒之首。巨蟒虽已死去，但他余怒未息，便将蟒皮剥除，下锅煮熟吃了。大口咀嚼之际，觉得其肉美甚，细嫩肥腴浆润。过了数日之后，神奇之事发生，身上所有疥疮，居然自行结痂，尽数脱去。他亦摇身一变，肌肤莹白如玉，他和乡邻亲友，无不惊讶万分。

事实上，蟒蛇滋味甚佳，且富含蛋白质、脂肪、矿物质等多种营养素，印度人至今仍饲蟒以供食用。中国的福建和两广地区，亦视蟒蛇为珍馔，当成绝佳的肉食。另依《本草纲目》的记载，说它能解手足风痛，杀三虫，去死肌，对皮肤之疠毒、疥癣和恶疮等，甚具疗效。看来韩世忠歪打正着，既尝了顶级美味，又治好其疥疮，变得白皙光洁，而且神采照人，他能成一代儒将，其间或有莫大关联。

由上观之，遍擦各式各样的保养品或化妆品，还不如多食蟒蛇肉，一饱口福外，青春颜永驻。

全蛇席今不如昔

西人保罗·瓦雷里的诗句云:“起风了，且活下去！”想活下去，当然得有个好理由。对清代的广东人而言，吃顿肥美的蛇肉，甚至开怀品个全筵席，那可是至高无上的享受。《清稗类钞》即据此指出:“粤人嗜食蛇，谓不论何蛇，皆可佐餐。以之镂丝而作羹，不知者以为江珧柱（即干贝）也，盖其味颇似之。售蛇者以三蛇为一副，易银币十五圆。调羹一簋，须六蛇，需三十圆之代价矣。其干之为脯者，以为下酒物，则切为圆片。其以蛇与猫同食也，谓之曰龙虎菜。以蛇与鸡同食也，谓之曰龙凤菜。”可见一席全蛇宴,其要角有蛇羹及鸡、猫之属。今人视之，认为不可思议；但在当时，却是理所当然。

我在读大学时，班上有一侨生，来自香港，颇嗜异味，精通岐黄之术。近日他于香港上环的“莲香居”，品尝供十二位食客受用的“滋补金牌蛇宴”，觉得味甚甘美，便将菜单寄来，让我过过干瘾。在谛视菜单后，我发现除了“太史五蛇羹”“酥炸五蛇丸”“七彩炒蛇丝”及“蛇汁炆伊面”之外，其他所搭配的，都是些金钱鸡、霸王鸭、蒸鳝鱼、羊腩煲、贵妃鸡之类，甚至连烧味拼盆、腊味糯米饭等，都凑合在其内，风味不算醇正，只能算是“合菜”，聊备一格而已。

其实，一桌顶尖的全蛇席，其名堂还不少，而每道菜的菜名，更是别致且响亮，即使是饮馔专家，不见得能道其详——已故食家唐鲁孙如是说。他曾举出数例，由此切入探讨，虽不中亦不远矣。譬如蛇片、虾片双炒，叫“双龙闹海”；红焖蛇、鳝、虾，叫“三星拱照”；蒜粒炒蟒蛇肚、鸡什件，叫作“龙肝凤胆”；蛇肉煲鸡爪，则称“龙衣凤足”；至于蛇宴里的主菜三蛇（即以饭铲头、金甲带、过树榕等为主）、果子狸，配上鲍鱼、火腿、鸡丝，名字最为豪迈，居然叫“龙虎凤风云会”；如果再加上一条贯中蛇，那更不得了，一气贯三焦，名贵无伦比，非朵颐福厚，根本尝不到。

唐老进一步表示：早在几十年前，“台北的广东饭店、酒家越来越多，到了冬令进补的时候，大家也互相拿‘三蛇宴’‘全蛇大会’来号召”，但其朋友中，“畏蛇者多，嗜蛇者寡，总也凑不上一桌人”，是以久未尝异味，仅兴致来时，到夜市来碗锦蛇汤解解馋，言下不胜唏嘘。

我与唐老口有同嗜，亦爱食蛇肉，早年除在港澳一带品尝了不少好的蛇羹外，还曾尝过烤蛇脯，一圈一圈的，结实弹韧，时泛馨香，垂涎不止。可惜无福一啜全蛇席，至今仍引为憾事。值此“秋风起兮，三蛇肥矣”时节，只好去台南的小北夜市，吃点炒蛇肉，再饮些蛇汤，肉甚少而汤清，算是“老夫聊发少年狂”，未空过此一“天凉好个秋”罢了。

蛇羹的百年风华

蛇羹真是美妙，既可阳春白雪，亦能下里巴人。其奥妙精彩处，已登大雅之堂，而且流风余韵，传诵至今不绝。

20 世纪 80 年代初，我头一回抵达香港，出了启德机场，但见沿途酒楼，无不大书“太史蛇羹”，引发我的好奇，早想一尝为快，可惜尚未如愿，就已返回台湾。大约过了五年，偕妻同游香港。在岳父安排下，我们搭渡轮赴湾仔，刚下船没多久，就去了家老字号，品享“太史蛇羹”。刀工精细，羹滑味爽，其时正值深秋，一股暖流下肚，顿觉周身舒泰。岳丈是个老饕，港澳美食佳所，无不了然于胸。他看我爱吃蛇羹，便在一天之内，带我奔波港澳，居然吃了五家，各有拿手绝活，简直乐不可支。可惜十年之后，当年吃的食肆，今皆不复存在，惆怅之余，扼腕不已。

“食在广州”年代（20世纪二三十年代），其看点制作之精美，堪称天下第一。而领当时风骚者，首推南海江孔殷。他乃末代进士，与谭延闿同科。民国肇建以后，自居逊清遗老，终身谢绝官场。其父以业茶致富，他则靠烟草富甲一方。平生挥金如土，非但喜宴宾客，而且对饮食异常考究。由于他点过翰林，故人们往往又称其“江太史”，其所居则称“太史第”。

江氏前后用过三位顶级大厨，分别是卢端、李子华和李才，后者的服务期最久，从江家盛极一时做起，直到家道衰落方被解雇。他们所精研的菜色，往往别树一帜，赢得众口交赞，广州的各大酒家，在唯其马首是瞻下，无不争相仿效，以至于“太史菜”风靡一时，有口皆碑。而其中最脍炙人口的，则是鼎鼎有名的“太史蛇羹”。

广东人嗜食蛇肉，尤爱蛇羹。每届秋风一起，无不摩拳擦掌，准备大快朵颐。好此道且不惜腰中钱的，必以尝“三蛇羹”为快。此羹由金甲（脚）带、过树榕、饭铲头（即眼镜蛇）制成，据说过树榕可祛上焦风，饭铲头可祛中焦风，金脚带则祛下焦风，三蛇合成一套，食味疗效均佳。然而，江太史不仅是饮食方家，亦通食疗原理。他认为三蛇祛风仍嫌不足，必须再加上三索带、白花蛇，始能尽收行气活血、治风湿、通关节之效。而宰杀此五蛇的工作，交由浆栏路的“联春堂”承包。每逢秋冬时节，只要一过午时，宰蛇人便至“太史第”，在厨房外的天阶大显身手。俟蛇宰杀完毕，随即下锅煮熟，迅速脱皮去骨，以备蛇羹之用。

据李才侄儿李煜榕的说法，“太史蛇羹”最大的特色，在于“蛇汤与上汤要分别烹制。蛇汤加入远年陈皮及竹蔗同熬，汤渣尽弃不要，再调入以火腿、老鸡及精肉同制之顶汤作汤底……刀工亦极为重要，鸡丝、吉滨鲍丝、花胶丝、冬菇丝（另有木耳丝及生姜丝）及远年陈皮丝，俱要切得均匀细致，再加上未经熬汤的水律蛇丝，全汇合在看似清淡而味极香浓的汤底内，加个薄芡便成”。

其作料亦一丝不苟，切柠檬叶最显刀工，“先撕去叶脉，叶便当中分成两半，卷成一个结实的小筒，切起来才容易，且即切即用，香味更新鲜”。菊花乃作料中的主角，多是江家自栽的大白菊，其中有一奇种叫“鹤舞云霄”，其状似大白菊，但白中微淡紫，“是食用菊花中不可多得的精品”。另，覆盖在蛇羹上的薄脆，在制作上颇费功夫，须“把面团开薄，撒好粉，用棍子卷起来，便把棍子拉出去压薄面卷。之后，把面卷摊开，擀薄，又再撒粉，卷起，压薄，擀开，直至面皮够薄了，便切成橄榄形小片，投下油镬炸脆”，经过这样反复的工序，其结果当然是“好吃得很”。凡此种种，在此不需细表，以免画蛇添足。

即使如此美味，并非人人可以消受。当1917年时，孙中山南下“护法”，于广州召开非常会议。江孔殷的三公子叔颖也是议员之一，某次在“太史第”以蛇羹招待同僚，座中不乏闻蛇色变的他省人士。在品享蛇羹时，人们无不竖起拇指，誉其精妙绝伦，实为无上至味。筵席尚未结束，江太史笑着说，所食者为蛇羹。食客大多反胃，有呕吐狼藉者，而更夸张的是，其中一位宾客，居然马上离席，跑去医院洗胃，搞得主客怏怏而散。从此江家立下规矩，凡在“太史第”宴客，有蛇必事先声明。

当然啦，“太史蛇羹”尽管美妙，如无特别机缘，常人即便是多金，也只能望风怀想，心中孺慕而已。幸好仍有去处，那就是“蛇王满”。此店老板姓吴，发迹于南海大沥，以蛇胆制药起家，迅即在佛山、广州发展。由于取胆后的蛇肉弃之可惜，善于经营的吴满，遂将蛇肉剥皮放血，带骨切成寸段，以少量瘦肉或鸡、鸭为配料，加些能祛风湿的中药材一起炖制，所熬的蛇汤于味美外，还有治疗风湿的效果，一经推出，甚受欢迎。他更精益求精，把蛇肉拆成细丝，加入冬菇、马蹄、陈皮、冬笋、木耳、蚬鸭等切成的丝，烩制成“三蛇羹”。其滋味之佳美，兴起食蛇热潮，各大酒家见状，争相推出蛇羹，其声势之强劲，沛然莫之能御。

雅俗共赏的蛇羹,其实起源甚早。南朝梁人任昉,在其《述异记》中记载: 东汉章帝元和元年(84)时,“大雨,有一青龙堕于宫中,帝命烹之,赐群臣龙羹各一杯”。这里写的“青龙”,实际上是条大青蛇;至于所谓“龙羹”,当然是蛇羹了。到了北宋时,苏东坡之妾朝云,随其赴惠州任所。当地市面卖蛇羹,她以为是海鲜,找个老兵去买,一问才知是蛇,吓得呕吐不已,在病了几天后,竟然香消玉殒。可见食蛇羹的历史,源远流长,只是在清末民初时期,才发扬光大罢了。

基本上,三蛇固然有祛除上中下三焦风湿恶毒的疗效,但要将湿毒一气贯通,则非贯中蛇不可。蛇羹加了此一尤物,声价水涨船高,自在情理之中。只是此蛇难得,想要送入口中,达到祛湿效果,花大把银子外,还得有好运气。

一般人只晓得蛇是补品,但多知其然而不知其所以然。据行家说法,蛇这种动物,有不少强健特征。因它无眼盖,永不会合眼,故精神赳赳;且胃纳极强,能吞下骨头,并完全消化;其肾、肝、胆、肺俱全;脊髓骨的每节,均连接着一对肋骨,强有力的肌肉,深藏于鳞甲内,行动时靠鳞甲与肋骨推动,是以在地面和树上,爬行异常矫捷。

食蛇的好处,以往专卖蛇羹的“联春堂”,早在“食在广州”

年代，就广为宣扬，指出：“一、增加御寒能耐；二、杜绝来春风湿；三、即止盗汗夜便；四、治汗液与平日有别；五、不再萎靡不振；六、筋络舒畅如常。”是否真如其言，我不敢打包票，将它附记于此，纯供诸君参考。

当下港澳两地，食蛇羹的风气，确实大不如前，而贩卖的店家，更是凤毛麟角。有以“蛇王”之名广招徕者，如“蛇王芬”“蛇王林”“蛇王良”“蛇王刁”“蛇王燊”及“蛇王海”数家，这些我都尝过，应以后者为佳。亦有用“太史蛇羹”为号召者，现仅存“莲香居”“桃花源小厨”和“国金轩”等，可谓寥寥无几，这和当年盛况相比，不啻天壤之别。后两家均标榜李才嫡传，我未尝其蛇羹，但吃过别的菜，并无出奇之处。所谓“太史蛇羹，李才真传”，实为广告之词，而今商业挂帅，耗时费工的菜，全已束之高阁，即使稍微得味，比于当日妙手，或许不过尔尔。

台湾鹅馔诱馋涎

早年我曾在台北市的"欧美厨房"，品尝赵福兴老板特制的西式烧鹅，做法精致特别。但见他将整鹅烧烤后，片下胸、腿腴嫩带皮之肉，铺排在白瓷盘上，浇淋切成小丁的浓郁鹅肝酱汁，旁置炸马铃薯片、红萝卜片及黄色芥酱。其色相颇不俗，滋味则相当棒，鹅肉连皮食之，不柴不腻不涩，滑爽丰腴之中，时泛鹅肉馨香。即使时隔多年，一直难以忘怀，可惜店已歇业，只能扼腕叹息。

事实上，中国以鹅入馔的历史甚久，像《礼记・内则》便载有:"（弗食）舒雁翠。"意即鹅屁股有臊味，尽量不要吃它。可见早在周朝，人们就累积了不少食鹅经验。到了两宋时期，首都开封及杭州的餐馆，已贩卖蒸鹅排、鹅签、间笋蒸鹅、五味杏酪鹅、鹅粉签、白炸春鹅、煎鹅事件、爊（烤）

鹅、炙鹅等挂牌名食。元朝以后，鹅馔益发丰富多彩，让人目不暇给，如鹅酢、蒸鹅、杏花鹅、豉汁鹅、胭脂鹅、酒蒸鹅、油爆鹅、熟鹅酢、烹鹅、烧鹅，以及用熟鹅头、胸、翅、掌、筋、皮切极细的末，再制成的鹅醢（即鹅酱）等，皆是其佼佼者。此外，清代的《随园食单》《食宪鸿秘》与《调鼎集》等饮食巨著中，不乏大量食鹅或其烹制之法的记载，足见颇受欢迎。

鹅按体形可分为大、中、小型三种，供食用的以后二者居多。台湾所产的优质鹅及饲养量均高，近年更盛。又因长期吃鹅，在不断调整口味下，自然总结一些模式，累积不少鹅馔。其最引人入胜的，分别是熏肥鹅，白煮鹅，鹅血糕，韭菜炒鹅肠，白灼鹅肫、肝及鹅卤面、饭等。丰俭随人，百吃不厌。其中熏、煮之鹅肉，上品皆爽脆不失腴嫩；鹅血糕糯而带绵软，而下水(内脏）之食味，或脆爽，或酥糯，或细腻。总之，馨香脆美，脍炙人口。

说真格的，多吃鹅绝对是大有好处的，古谚即云:“喝鹅汤，吃鹅肉，一年四季不咳嗽。”其补益不可谓不大，中医认为鹅肉味甘性平，具有和胃止渴、益气补虚、镇咳化痰之功，对全身浮肿、食欲不振、咳嗽、气喘、言语无力、月经不调、大便溏泻者极有好处。另，鹅血能治噎膈，解药毒，抗肿瘤；鹅掌则能补虚，宜于病后食用。

我个人爱食鹅，每到其专卖店，来碗饭或油面，接着切它个一整盘，或胸或腿，再就些下水吃，其味津津，自得甚乐。

油淋乳鸽最诱人

已故散文大家梁实秋在《雅舍谈吃》一书中指出:“鸽子的样子怪可爱的，在天空打旋尤为美观，我们也没想过吃它的肉。有许多的人家养鸽子，不拘品种，只图其肥，视为家禽的一种。我不觉得它的肉有什么特别诱人处。”

梁老接着又说:“吃鸽子的风气，大概是以广东为最盛。烧烤店里常挂着一排排的烤鸽子。酒席里的油淋乳鸽，湘菜馆里也常见。乳鸽取其小而嫩。连头带脚一起弄熟了端上桌，有人专吃它胸脯一块肉，也有人爱嚼整个小脑袋瓜，嚼得喀吱喀吱响。”然后他表示:“台北开设过一家专卖乳鸽的餐馆，大登广告，不久就关张了。”因此，他的结论为“可见嗜油淋乳鸽者不多”。

事实上，主要供肉食、竞翔和观赏的家鸽，是人类最早驯化而成的鸟类之一。早在公元前三千年的埃及菜谱中，即载有用鸽子制作的肴馔。据推测，中国约在秦汉时期开始养鸽。清代时有养鸽专著《鸽经》问世。

而今鸽子经人工长期选育，已形成三百多个品种。依其用途，可分成肉鸽、信鸽和观赏鸽这三大类。而在烹调应用之时，自然以肉鸽为主，其他鸽偶可入馔，但食味较差。

肉鸽指四周龄（即二十八天）专供食用的乳鸽品种，其特征为生长快、肉质好。中国目前饲养的最主要的品种，为石岐鸽及王鸽。前者原产广东中山市石岐镇，乃 1915 年时华侨从美国带回的贺姆鸽、王鸽、仓替鸽与当地鸽杂交选育而成，以体形小、颈短、肉腴、骨小、味美著称；后者为于 1977 年开始引进的白王鸽及银王鸽两个品系。

其中，石岐鸽最适合脆皮炸法，名脆皮石岐鸽，一称红烧乳鸽，其制法为先烫后炸，而成品之特点为皮色大红、皮脆肉滑、味道甘香，早已风行于广州、中山、香港、澳门等地。

乳鸽体态丰满，肉质细嫩，纤维甚短，滋味浓鲜，芳香可口，是上好的烹饪食材。以鸽入馔，上酒席者，常以整只烹制，最宜炸、烧、烤、焗，风味独特，亦宜蒸、炖、扒、熏、卤、酱。而最有名的鸽菜分别是广东的柱侯乳鸽、油淋乳鸽、玫瑰露焗乳鸽及江苏的三丝炒鸽松等。

油淋乳鸽最初是由广州“太平馆”研究出来的。据美食家唐鲁孙的说法，该馆“把肉鸽买回来，用少许酒糟加蛋黄、绿豆拌在饲料里喂鸽子，……差不多就有十两多重，可以宰杀了”，而“收拾干净后的鸽子，像挂炉烤鸭一样，挂在阴凉地方，让小风吹干，让内外水分完全消失，用卤汁、芫荽汁调和在一起，在鸽子身上抹匀，……做油淋乳鸽要有一只特制的紫铜罩子，把鸽子放在罩子里面，左手提梁就锅，右手用勺子舀了滚油，往鸽子身上反复淋浇，端上桌来皮酥肉嫩，绝无骨肉相连、撕不开、咬不断跟牙齿为难的尴尬情形”。叙述具体生动，令人心向往之。

在台北极令人怀念的“品源”，其油淋乳鸽，不论在选料上或制作上，均极严谨，成品红光油亮、肉细骨酥、肥而不腻，允称台湾顶尖，且其售价亦廉，好到无可挑剔。除油淋乳鸽外，“品源”的卤水乳鸽、滑炒鸽片、风砂鸽等，亦甚佳妙，由于制作较繁复，平日并不供应，如果交情够，可破例烧制。我食量甚宏，每次去“品源”，至少吃一只，甚至达三只。这比起谭延闿（南京国民政府主席、行政院院长，有名的大吃家）在广州“太平馆”一次吃八只油淋乳鸽的豪举来，简直是个小巫。可惜“品源”现已歇业，其油淋乳鸽这一味，早已成为广陵绝响，想吃此一顶级珍馐，而今只能望风怀想，长留在记忆深处了。

蛋中极品黄埔蛋

记得读大一时，国文教授为吉梁，其时他已八十岁，身子细长，全身是劲儿，似乎有用不完的精力。有一次和他共进早餐，他竟连食六枚蛋，包括荷包蛋、白煮蛋与咸鸭蛋等，稀饭亦吃了三碗，令我诧异万分，顿觉不可思议。其实，食蛋高手岂止他一人而已？据《清稗类钞》记载：“袁慰亭内阁世凯喜食填鸭……而又嗜食鸡卵，晨餐六枚，佐以咖啡或茶一大杯，饼干数片；午餐又四枚；夜餐又四枚。”屈指算来，他老兄一天共吃十四枚鸡蛋。这对怕胆固醇过高而不敢食蛋黄的现代人而言，简直匪夷所思，叹为今古奇观。

爱吃鸡蛋的人当然不少，用此捞钱的，亦大有人在。《清稗类钞》即云：“旗员之任京秩者，以内务府为至优厚。承平时，内务府堂郎中岁入可二百万金。即以鸡蛋言之，其开支之巨，实骇听闻。乾隆朝，大学士汪文端公由敦一日召见，高宗从容问曰：'卿昧爽趋朝（天未明上早朝），在家曾吃点心否？'文端对曰：'臣家贫，晨餐不过鸡蛋四枚而已。'上愕然曰：'鸡蛋一枚需十金，四枚则四十金矣。朕尚不敢如此纵欲，卿乃自言贫乎？'文端不敢质言，则诡词以对曰：'外间所售鸡蛋，皆残破不中上供者，臣故能以贱值得之，每枚不过数文而已。'上颔之。"

由此看来，内务府旗官们，其蒙蔽上聪手法之高与捞钱之狠，均为一时之选，难怪岁入可达二百万金，进而富甲一方。

蛋纵然便宜，但不减美味。若论其价廉而味美者，当推船民首创的黄埔（炒）蛋。菜式虽极平凡，滋味硬是不凡。

相传很久以前，黄埔还是一片河滩，住着许多船户人家。一天傍晚，有户人家来个客人，主人一时买不到菜，只好用家里仅有的几枚鸡蛋，炒成一盘既不是滑蛋也不是煎蛋的东西奉客。想不到客人大为赞赏，其不但成为船民们的家常菜，而且流传到广州。日后再经厨师改良，终成一道传统的下饭菜。此菜更随粤民漂洋过海，辗转来到了新大陆。现世界各大饭店早餐的所谓美式炒（松）蛋，其渊源即在此。

炒黄埔蛋的极致，在具备香、松、嫩、滑。是以其作料没啥稀奇，只不过是几枚新鲜鸡蛋和一些葱花（不吃葱的，连葱也不要），能否得其真味，全在镬上功夫。依香港著名食家特级校对陈梦因的说法，二次大战时，广西梧州“金鹰酒家”的老板娘最擅炒黄埔蛋，其做法为：“用四五只新鲜蛋，分开黄、白，以筷箸将蛋白打至起了大泡，加猪油，再打成泡沫，然后加进蛋黄，又打一番。然后起红镬，把葱花爆香，以碟盛起，待葱花没有滚气时，才倾入已打好的鸡蛋里拌匀。在炒蛋之前，炉火要红至顶点，放油落镬时，要比炒其他东西多一倍，等油滚到顶点时，便将红镬移离灶边（以手持镬将之抛至仅熟，则蛋不老，反而香、嫩、滑）。同时，把打好的鸡蛋倾进红镬里，用已蘸有滚油的红镬铲把蛋兜匀，以碟盛之便是。”

然而，戏法人人会变，巧妙各有不同。像蒋介石担任黄埔军校的校长时，就极赏识黄埔港名厨阿冯的黄埔蛋。阿冯打蛋的手法与前面的那位老板娘相同，但炒法另有窍门，以至于炒出来的蛋，只在仅熟的程度，吃起来嫩滑无比。囿于篇幅，其做法在此就不赘述了。

炒黄埔蛋仍可变化，加切粒咸蛋称鸳鸯蛋，加切丁皮蛋叫凤凰蛋，加切丁的咸蛋、皮蛋则名三色蛋，加蟹肉（花蟹）同炒，谓炒蟹肉黄埔蛋，乃较高档的菜色。

“香港品源美食”的黄埔蛋，其做法一如阿冯，随倾随铲，随兜上碟，手法熟练，火候精准，松透滑嫩，蛋香四溢，确为上品。我甚爱此味，每到此用餐，必先点一客，供嘉宾享用。有次一食友看到黄埔蛋，马上说："这是美式炒蛋。"我笑答："仔细品尝后，再发表意见不迟。"他一食毕，惊为美味，实非其在美国留学时的炒蛋可比拟。从此亦如法炮制，每到"品源"亦点一客。而今该店已关，此蛋成为绝响，回首前尘往事，怅然若有所失。

于右任食面趣谈

自幼习书、诗书兼善的于右任，其行楷疏宕起伏，草书大气磅礴而充满狂意，且寓拙于巧，熔大草、小草以及章草于一炉，体圆笔方，神灵如飞，笔笔遒劲，号称“于体”，有“当代草圣”之誉。书法家启功曾有诗赞誉，其诗云：“此是六朝碑，此是晋唐草。力透纸背时，笔端无纠绕。壮士百年心，诗怀证苍昊。未登展览堂，谁能识斯老？”对其自成一家，可谓推崇备至。

于老为陕西三原人。该地虽处边陲，风高土厚，却有江南景致，有人管它叫陕西的苏州。三原大饭馆林立，据食家唐鲁孙的说法：“每家都有一两样拿手菜。……‘明福楼’的‘搅瓜鱼翅’，据掌厨的张荣说，把搅瓜擦成透明的细丝，名字叫鱼翅，实际是搅瓜丝，素菜荤烧，再一勾芡，谁也不敢说不是鱼翅。这是于右任的亲授，后来渐渐流广，一般人家也有这道素鱼翅吃了。”于老精于饮馔，由此可见一斑。

某日于老应邀参加一个餐会，酒足饭饱之余，主人拿出纸笔，请他题字留念。此时他已酩酊，随即趁着酒意，迷迷糊糊写下“不可随处小便”六个字，然后扬长而去。

第二天，主人登门拜访，并将这幅“墨宝”拿去请教。于右任见状，知道是自己酒后失态，赶紧向对方道歉，接着沉吟半晌，取来剪刀剪字，将之重行排列，成为新的组合，乃笑着表示:“你瞧瞧，这不是很好的座右铭吗？”

主人定睛一看，发现“不可随处小便”已变成了“小处不可随便”，顿时发出笑声，持书拜谢而去。

于老平日爱吃面食，某次同仁投其所好，请他到家吃个拉面，事前再三交代厨师，要做得好一点，以博贵客欢心。厨师抖擞精神，使出浑身解数，端出来的拉面，根根细如银丝。于老边吃边说:“好！好！”但同时问:“有没有粗一点的？”

厨师依言改上如灯芯般的面，于老吃一口又说:“好！好！”但还是问:“有没有粗一点的？”厨房再换来似韭叶粗的面。于老仍旧问:“可更粗一点吗？”最后是送来比皮带还粗的面。结果他登时大喜，一口气吃两大碗。

事后，厨师没好气道:“这明明是乡巴佬吃的嘛！有什么手艺可言？”

原来又称抻面、抻面和扯面的拉面，其制作过程中，是用双手握住长条状面坯两端，提起在案板上摔打，并顺势甩拉变长，接着对折并两手上下抖动，左右抻拉变长。在这样不断地对折、抻拉下，每对折一次称为一扣，面条越抻越细，一般而言，八扣称“一窝丝”，考究的为九到十一扣，称之为“龙须面”。而最常见的，则有“把儿条”和薄而扁的“韭叶”，如果再粗些，就是“帘子棍儿”，此尚有大宽（波浪）、中宽（皮带）之分，形状近乎片儿面，口感弹韧有劲儿，颇对于老胃口。

基本上，青菜萝卜，本就各有所爱，无关乎其滋味。于右任喜欢吃有咬劲儿的面，与台湾时下偏重咬口的吃法，异曲同工，似乎彼此尚有若干联结，亦未可知。

和菜的身世之谜

在我四十岁前,去中餐馆用餐,起先看到菜牌,分别写着“客饭”“和菜”。过了好些时日,“客饭”逐渐消失,“和菜”也换了名字,改成“经济合菜”。数菜合一桌,管它叫合菜,本顺理成章,但之前为何称“和菜”,就有点匪夷所思了。后来当回事儿去研究,才明白其中的原委,说起来还挺有意思,原来它的出现,竟和麻将有关。

清代道光年间,签订《南京条约》,开上海为通商口岸,准许英国设领事馆。从此之后,商业迅速拓展,城市经济繁荣,成为东海重镇。与此同时,妓院随之而盛,出卖“色相”经营,其主要之项目,即是所谓“出局”。而且此一“出局”,尚有“酒局”“花局”和“牌局”之别。

顾名思义,“酒局”这一觞政,自以陪伴侑酒为主;“花局”

则是召妓陪伴、弹唱，为应酬的重要部分；至于“牌局”，又叫“碰和”或“碰和台子”，其方式很特别，客人既可上妓院作“方城之战”，亦可邀妓出场，赴别人家应局，陪伴着搓麻将。由于时间甚长，误餐在所难免，除高档妓院及豪富人家备有厨师外，妓院通常是由龟奴或姨娘代向附近餐馆叫菜。然而，这些包送的菜，有时未必符合客人要求，于是善于经营的餐馆老板，为了拉生意，便配制成套且价格适中的套菜，供客人们选择。正因人数可以自定，而且套数不拘、经济实惠、主客两便，又因它主要用在“碰和”，遂称之为“和菜”。

发展到了后来，这种配制而成的套菜，非但保证菜肴的特色和品种，而且价格适中，方便顾客点享。其他餐馆见状，相继仿效，“和菜”摇身一变，成为主打模式。即使日后“碰和台子”式微，“和菜”仍风行了很长时间。

自“海派菜”大兴后，某些餐馆追求利润，不再以客为尊，而是视为肥羊，任其“宰”或“冲头”。“和菜”再也不是招徕顾客、树立信誉的招牌，反而成了欺蒙顾客、只顾利润的“烂污染”。一些精明的客人，不愿在不知菜色内容的“和菜”上吃闷亏，宁可多花时间，检视菜单点菜，导致“和菜”乏人问津，终在20世纪七八十年代陆续消失。

有趣的是，“和菜”的本尊在上海销声匿迹，其分身却改头换面，居然在台湾留下倩影芳踪。不仅其名字诱人，称为“经济合菜”，而且花样繁多，其金额和分量，早已超过原先“四菜一汤”或“六菜一汤”的格局，渐与席面等量齐观。这种特殊情形，实和日本的“怀石料理”“会席料理”逐步混同的状况，可谓殊途同归。但说句实在话，当下用餐方式，选择多重多元，曾经流行的“和菜”，迟早成为明日黄花，只能留在记忆深处。

图书在版编目（CIP）数据

味兼南北 / 朱振藩著 .—北京 : 生活书店出版有限公司 , 2016.10（2019.8 重印）
ISBN 978-7-80768-122-9

Ⅰ.①味… Ⅱ.①朱… Ⅲ.①饮食－文化－中国
Ⅳ.① TS971

中国版本图书馆 CIP 数据核字 (2015) 第 264648 号

责任编辑　廉　勇
装帧设计　罗　洪
责任印制　常宁强
出版发行　生活書店出版有限公司
（北京市东城区美术馆东街 22 号）
邮　　编　100010
图　　字　01-2015-3879
印　　刷　万卷书坊印刷（天津）有限公司
版　　次　2016 年 10 月北京第 1 版
2019 年 8 月北京第 2 次印刷
开　　本　880 毫米 ×1230 毫米 1/32　印张 9.25
字　　数　160 千字
印　　数　8,001-11,000 册
定　　价　35.00 元
（印装查询：010-64052612；　邮购查询：010-84010542）